JN167875

イラストでわかる

障害馬術の基本

障害飛越のテクニックと問題行動への対処

著 JANE WALLACE
PERRY WOOD

監訳 土屋 毅明
宮田 朋典

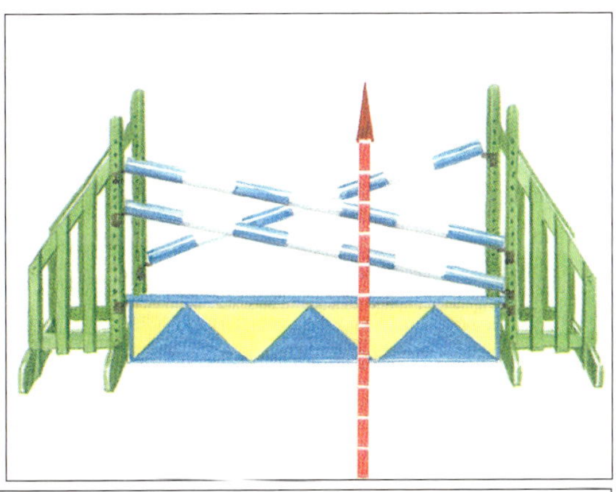

First published by Kenilworth Press
an imprint of Quiller Publishing Ltd in the English language as

Show Jumping ©1992 Jane Wallace ;
Solving Show-Jumping Problems ©1995 Jane Wallace ;
Riding the Problem Horse ©2006 Perry Wood

Japanese translation rights arranged
with Quiller Publishing Ltd., Shrewsbury, Shropshire, UK
through Tuttle-Mori Agency, Inc., Tokyo

監訳者プロフィール

土屋毅明　Takeaki Tsuchiya

アトランタオリンピック　総合馬術 団体6位入賞。
シドニーオリンピック　総合馬術出場。
1970年5月生まれ。イギリス在住。14歳より馬術をはじめ、明治大学卒業後に渡英、オリンピックイギリス代表選手のもとで総合馬術を学ぶ。アトランタオリンピック出場後はイギリスで牧場を経営しながら数々の国際大会に出場。2013年に競技選手を引退し、コーチ活動を本格的に開始。現在はイギリスと日本で講習会を開催する傍ら、日本馬術連盟総合本部強化コーチとして総合馬術選手のアドバイザーを務めている。また、宮田氏と共同で本書の内容に即したクリニックを年5回ほど開催している。

宮田朋典　Tomonori Miyata

愛気馬心道ホース＆ヒューマンシップ主宰。
ホースクリニシャン、Road to the Horse Tootie bland family クリニシャン。
1971年5月生まれ。20代より米国の多くのレイニング調教師やクリニシャンのもとでトレーニングを学ぶ。現在、競走馬や競技馬を中心に、月に250頭以上の馬の問題行動や悪癖について相談を受け、騎乗者を対象としたクリニックで指導を行っている。また、全国でウィスパリングを軸にしたナチュラルホースマンシップの講習会や、土屋氏と共同で本書の内容に即したクリニックを年5回ほど開催している。

イラストでわかる **障害馬術の基本**

2016年 4 月20日　　第1刷発行 ©

著　　者……JANE WALLACE、PERRY WOOD
監 訳 者……土屋毅明、宮田朋典
翻 訳 者……田村明子
発 行 者……森田　猛
発 行 所……株式会社 緑書房
〒103-0004
東京都中央区東日本橋2丁目8番3号
TEL 03-6833-0560
http://www.pet-honpo.com
日本語版編集……岡本鈴子、石井秀昌
印　　刷……アイワード

ISBN 978-4-89531-263-9　Printed in Japan
落丁，乱丁本は弊社送料負担にてお取り替えいたします。

監訳者のことば

ここ数十年、乗馬関係者の口からよく出る言葉に、「最近、乗馬がブームである」というものがある。果たして本当にそうなのだろうか？　全国の乗馬クラブを訪れ、状況を見てみても、乗馬人口が増加していると実感できないのが現状である。

どうして乗馬人口は増えていないのだろうか。多くの理由が考えられるが、根本的な問題として、安全に乗ることができる乗用馬を乗馬クラブが用意できていないこと、そして、クラブと利用者とのコミュニケーション不足により、乗馬というスポーツを安心して楽しむことができないことが挙げられるのではないだろうか。“安全は企業（クラブ）の責任、安心は企業・利用者双方の責任”である。馬は自らの経験を上書き保存していく特性があることから、安全・安心な乗馬のためには、クラブと利用者が歩み寄りながら情報を共有することが必要だと考える。そのためには、双方の勉強が必要不可欠である。

しかし、いざ自分で勉強をしようと思っても、日本にはわかりやすい言葉で書かれた良質な乗馬の本が少なく、勉強すること自体が難しい状況である。今、私たちには難しい内容をわかりやすく学ぶことができる本が必要なのではないだろうか。

本書は、まず乗馬から障害馬術への一歩を踏み出す際に理解しておくべき飛越テクニックの基本に触れ（第１章）、そこから起こりうる問題行動とその解決方法（第２章、第３章）がわかりやすい言葉と豊富なイラストでまとめられている。第１章は元オリンピック日本代表選手の土屋毅明氏に協同監訳していただき、私はおもに第２章と第３章の監訳を行った。これにより、本書は高い専門性と、現場で発生する問題にわかりやすく応えることができる利便性を兼ね備えた本になった。

本書が、皆さんの抱いている悩みや不安を払拭するきっかけとなり、さらには人と馬、そして人と人との良好な関係を築くヒントとなれば幸いである。

馬への理解を深め、より良好な人間関係をつくりますよう、知識が知恵に変わりますよう。

2016年３月

フォースとホースと共にあらんことを

監訳者代表　**宮田朋典**

CONTENTS

第1章

障害馬術と飛越のテクニック

SHOW JUMPING

第２章

障害馬術で起こる問題とその解決

SOLVING SHOW-JUMPING PROBLEMS

第3章

問題行動とその対処

RIDING THE PROBLEM HORSE

第1章

障害馬術と飛越のテクニック

SHOW JUMPING

はじめに

障害馬術では馬の従順性と運動能力が試されます。適切な歩様運動（フラットワーク）ができる馬でなければ、正確に障害を飛越することはできません。つまり、障害をうまく飛ぶためには馬場馬術の技術が必要不可欠なのです。また、競技において馬の敏捷性と運動能力を最大限発揮させるためには、馬の体が柔軟で統制が取れ、心身ともにライダーの指示に応えられる状態であることが必要です。

障害馬術の目的は、さまざまな障害が配置されたコースを馬がミスなく完走することであり、障害飛越の調教はそれを可能にするために行います。適切に調教された馬はそうでない馬に比べて、問題なく障害を飛ぶことができるでしょう。ライダーは障害へのアプローチにおいて何が必要かを理解し、決して馬の邪魔をせず、飛越を補助する必要があります。

どのような障害であっても、飛越の基本となるのは**リズム**、**バランス**、そして**インパルジョン**（監注：弾発。推進力を生む活気ある後肢の馬体の下への踏み込みのこと）です。フラットワークが適切にできる馬であれば、障害馬術でもよいパフォーマンスが得られるはずです。

多くのライダーは障害馬術の障害よりも、総合馬術におけるクロスカントリー競技の障害のほうが飛越しやすいと感じるようです。これは、クロスカントリー競技では、障害馬術よりも馬の走行スピードが速く、「勢い」が生じるためです（この「勢い」は走行スピードの遅い障害馬術において必要な「インパルジョン」とは異なるものです）。クロスカントリー競技では「勢い」があるため、馬が障害を飛び越すことができる踏切地点の範囲が広く、正確な位置での踏切が求められる障害馬術ほど騎乗に正確性が求められません。また、クロスカントリー競技では、馬の肢が障害にあたっても競技上大きな問題にはなりませんが、障害馬術では障害に肢があたるとバーが落下し、減点となってしまいます。

馬がスピードではなくインパルジョンを得るためには、歩様が重要で、飛節を体の下にしっかりと入れ、後肢に体重を乗せることが必要です。また、バランスのとれた駈歩ができることが必須であり、障害へのアプローチでは踏切地点までその駈歩を維持できなければなりません。ライダーは軽く前傾姿勢を取り、馬の動きを邪魔することなく、踏切地点までリズムとバランスを維持します。ライダーの邪魔が少なければ少ないほど、馬は上手に障害を飛越することでしょう！

馬具・服装

馬具とライダーの服装はすべて体に合ったものを使用し、装着時に痛みや不快感がなく、安全なものでなければなりません。

鞍は馬の背中にぴったりと合い、障害飛越時にライダーの姿勢を支えることができる障害鞍を使用します。また、馬の背中への衝撃を和らげるため、鞍下に適切なゼッケンを敷きましょう。

ランニング・マルタンガールは馬が頭を高く上げすぎるのを抑える道具です。できれば使用しないほうが望ましいですが、万一のときに役立ちます。正しく装着されていれば、馬はランニング・マルタンガールがついていることに気づきません。とはいえ、コントロールがきかなくなるような位置に頭を上げると、マルタンガールが作用するため、馬はその存在に気がつくでしょう。鞍がずれないようにマルタンガール、胸がい、胸帯のいずれかを装着します。これらの装備は、腹帯がゆるんで鞍が滑ってしまうといった緊急時に特に役立ちます。

腹帯は2本組みで使う布製のもの、革製またはナイロン製のものなど、丈夫な素材のものを使用します。ランプウィック腹帯は切れやすく、安全とはいえません。上腹帯をすればよりしっかり鞍を固定できるため、競技会では上腹帯を使用しましょう。

あぶみはスチール製のものを使用します。ステンレス製のものがより望ましく、軟質で曲がってしまうニッケル製は使わないほうがよいでしょう。サイズが合ったものを使用します。あぶみ革はよく伸び、切れにくい生革製がよいでしょう。

ゴムカバーのついた手綱は馬の頸が濡れていてもグリップが効きますが、ゴムをつけ直した手綱は強度が落ちるため、障害馬術では使わないようにします。頭絡の金具は確実に留め、擦り切れていないかどうかを定期的にチェックしましょう。

どんなに低い障害であっても飛越時には必ずヘルメットをかぶりましょう。ジョッパーブーツか乗馬用長靴を履き、運動靴など踵のない靴は決して使用してはいけません。引きずられたら大変な事故を起こしてしまいます。

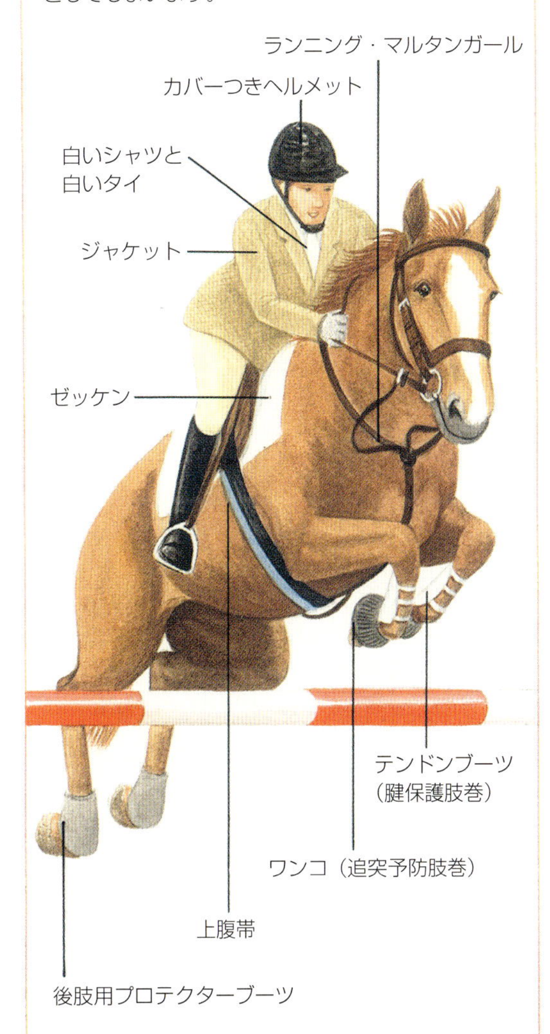

この馬は前肢、後肢ともにきちんとプロテクターなどで保護されています。ライダーはスマートで実用的な競技用の服装をしています。

馬の飛越テクニック

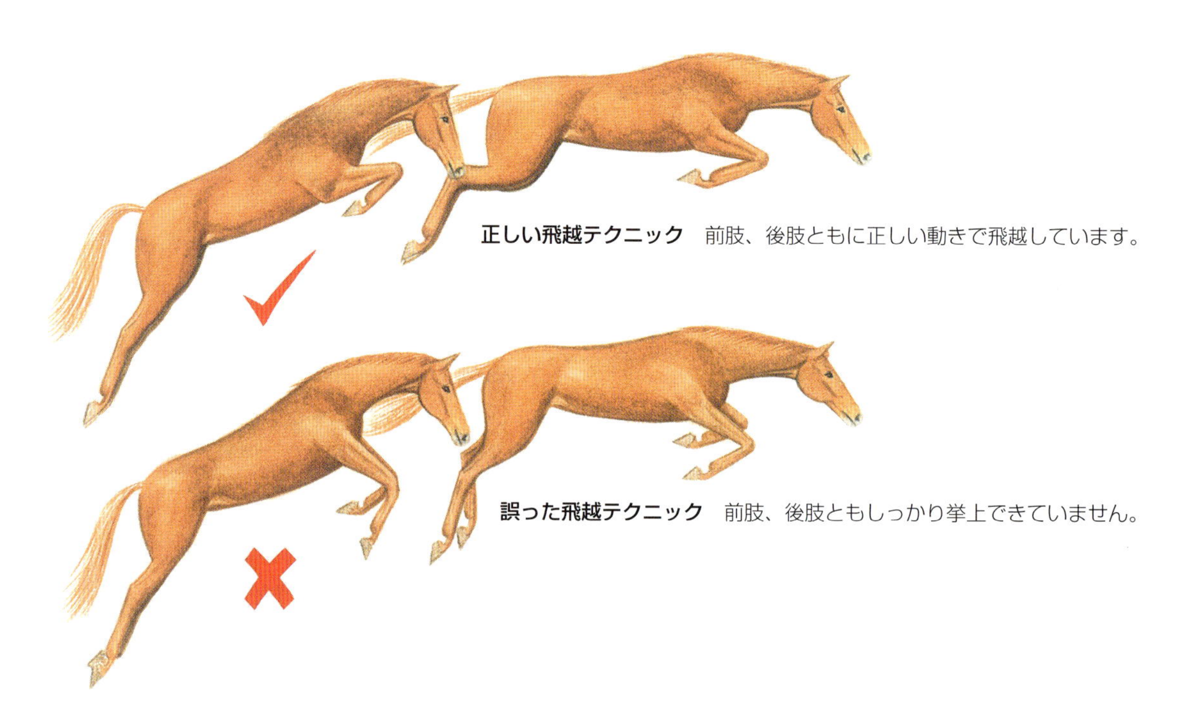

正しい飛越テクニック　前肢、後肢ともに正しい動きで飛越しています。

誤った飛越テクニック　前肢、後肢ともしっかり挙上できていません。

馬が跳躍するにはエネルギーを溜める必要があります。馬は障害へのアプローチにおいてバランスとリズム、そして十分なインパルジョンを維持しなければなりません。障害が大きくなるほど、より大きなエネルギーと跳躍が必要になります。

踏切直前の1完歩は、踏切に必要なエネルギーを蓄えるため、歩幅が狭くなります。踏切前の2完歩の歩幅が長くなると前肢に体重がかかり、踏切地点でバランスを崩しやすくなります。飛越を成功させるには馬の体重が後肢の飛節に乗り、前肢は軽い状態である必要があります。

馬の飛越テクニックとは、空中での肢の折りたたみ方と飛越時のフォームに関するものです。総合馬術の馬にとって、前肢のテクニックが優れていることは特に重要です。総合馬術では後肢が障害にあたっても崩れ落ちることはあまりありませんが、前肢を硬い障害に強くぶつけてしまうと、飛越を失敗してしまうでしょう。一方で障害馬術の馬はすべての飛越テクニックが優れていなければなりません。前肢のテクニックに優れた馬は、素早く前膝を上げ、しっかり前肢を折りたたみます。あまりにしっかりと折りたたむため、蹄鉄のスタッド（監注：蹄鉄につける滑り止め。クランポン）があたってケガをしないよう腹当てが必要な馬もいます。片方あるいは両方の膝をだらりと下げたまま障害を飛越する馬は、前肢のテクニックがよいとはいえません。

後肢のテクニックが優れた馬は、後肢の膝関節をしっかり上げたあとに伸ばすことで、垂直障害、幅障害を問わず上手に飛越することができます。後肢を上げることができず、引きずってしまう馬や、後肢の膝関節を伸ばせず、体の下にたたみこんでしまう馬は、後肢で障害を落としがちです。高い障害や幅の広い障害をどちらも悠々と飛越しているようにみえる馬はスコープ（監注：障害飛越の能力のこと）があるといわれます。幅障害の飛越に問題があり、後肢を体の下にたたみこんでしまう馬は、スコープがないといわれます。

ライダーの姿勢

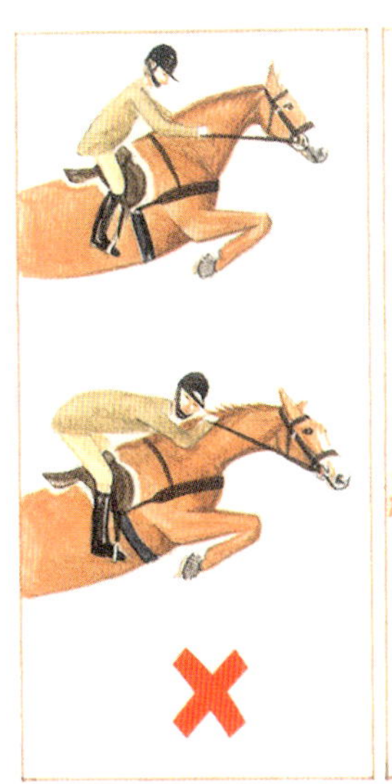

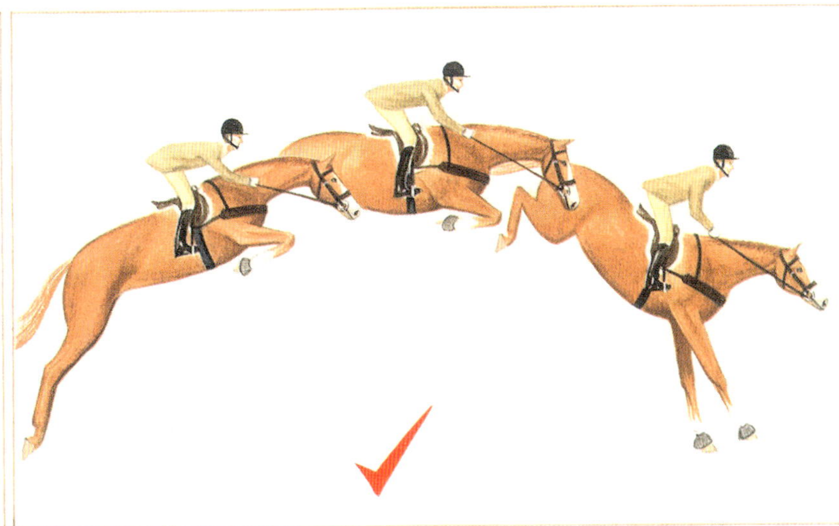

左：よくみられる誤った姿勢。どちらのライダーもバランスがとれておらず、姿勢に問題があり、障害を飛越しようとする馬の妨げとなっています。

右：このライダーは安定したよい姿勢を保ち、障害を飛越する馬の動きを妨げていません。

ライダーの姿勢は、飛越時はもとより、障害へのアプローチおよび着地においても重要です。

障害へのアプローチでは、ライダーは馬がバランスを維持できるよう、障害まで静かに姿勢を維持します。障害前の数完歩でライダーが前傾すると、馬の前肢に余計な体重がかかり、馬は肩を持ち上げるのが難しくなってしまいます。ライダーは拳で馬の動きを制限せず、障害まで前進気勢を維持できるようにします。障害飛越ではリズム、バランス、インパルジョンが必須の要素なのです。

障害の真上では、ライダーはまっすぐ前に向かって前傾姿勢を取ります。このとき、左右どちらかに偏ってはいけません。踵を下げ、体重をあぶみにかけます。踵が上がると騎座の安定性が失われ、バランスを取るために馬にしがみつくことになります。ライダーが馬の頸や肩によりかかれば、馬は障害を飛越することがより難しくなってしまいます。

ライダーは馬と一体でありながらも、馬が自分の下でバランスよく、自由に飛越しているのを感じられなければなりません。自分がバランスを取るために馬へよりかかってはいけないのです。独立した騎座とは、障害を飛越するのに必要な頭と頸の動きを馬に与えられることを意味します。

ライダーは顔を上げ、馬の耳の間から次の障害を見ておきます。馬が踏み切ったら尻は鞍から離します。ライダーの体重が鞍に残っていると、馬は背中を反らさなければなりません。

着地するときもライダーは飛越時と同じように踵を下げたまま自分のバランスと安定を維持し、馬が頭と頸を使ってバランスを維持しながら、着地するのを補助します。

日々のフラットワーク

障害馬術も馬場馬術と同じ手順でフラットワークを行う必要があります（フラットワークについては p.28 参考書籍 1 を参照）。最終的な目標は、馬の柔軟性を養い、筋肉を正しく運動させ、人の指示を理解し、応えられるようにすることです。フラットワークが適切に行われている馬ほど騎乗しやすく、結果として障害馬術でのパフォーマンスも上がります。馬場でみられる体の硬さは障害飛越時により顕著となります。実際、フラットワークで問題がある部分は、障害を飛びはじめるとより明確になります。

柔軟性のある馬にするためには、輪乗り、へび乗りによる馬体の湾曲の変化および移行、加速・減速によるペースコントロールを練習する必要があります。これらの運動はすべて、後肢で体重を支え、推進力を向上させ、背中から肋骨にかけての柔軟性を養うのに役立ちます。また、両手前で同じようにトレーニングし、自らの体重を特に後躯で支えることができるバランスのよい馬にすることが大切です。ライダーの拳に対する抵抗がみられたら矯正していきます。

センターライン上を進む練習は、障害に向かう回転を習得するのに役立ちます。まっすぐで正確なラインを目指しましょう。ラインから外れたりふらついたりせず、正確にライン上を進めるように、ライダーは自分自身と馬の両方をコントロールする必要があります。障害前の回転は馬場馬術と同じレベルの正確性が求められるので、しっかり練習しましょう。

馬はリズムとバランスを失うことなく歩幅を伸ばしたり、詰めたりすることができなければなりません。もちろん、ライダーの拳への抵抗があってはいけません。フラットワークが正確にきちんとできるようになって初めて、馬は優れた障害飛越テクニックを披露できるようになるのです。

障害トレーニング

ほかの多くの技術と同様に、障害飛越には馬とライダー両方のトレーニングが必要です。日々のトレーニングで起こる問題は、競技会で悪化することはあってもよくなることはありません。あなたや馬が難しいと感じる問題を避けず、前向きに取り組み、ミスがなくなるまで練習しましょう。

速歩横木は馬にとってよい運動です。柔軟性とバランスを向上させ、肢を高く上げることですべての関節を鍛えることができます。

グリッドワーク（監注：複数の障害を並べた「グリッド」を使っての練習）はとても効果的です。単一のクロスバーからオクサーへのグリッド（右図参照）は最も基本的なものですが、最大級の効果を得ることができます。クロスバー手前の速歩横木は馬を踏切地点に正しく誘導し、2つの障害間にある横木は、馬がオクサーの前で1完歩を入れ（短い距離の場合）、背中を反らさず、正しいフォームで障害を飛越するのに役立ちます。距離が短いことで馬はオクサーを正しく飛越し、飛越テクニックを向上させることができます。

速歩でグリッドを飛越するのは駈歩から飛越するよりはるかに容易ですが、どちらも練習するようにしましょう。しかし、障害飛越の練習をしすぎてはいけません。1回30分ほどの練習を週に2回程度行うのであれば、過度なトレーニングにはならないでしょう。練習には速歩でのグリッドワークと駈歩からの障害飛越の両方を取り入れるようにします。さまざまな障害を用い、ダブル障害、コンビネーション障害、連続障害（後述）も設置しましょう。また、斜めから障害を飛ぶ練習や、障害に向かって短い距離で回転する練習も取り入れ、競技会のタイムレースで馬を驚かせることがないようにしましょう。

人馬の安全確保のため、障害を飛越するときは必ず同伴者がいるようにしましょう。

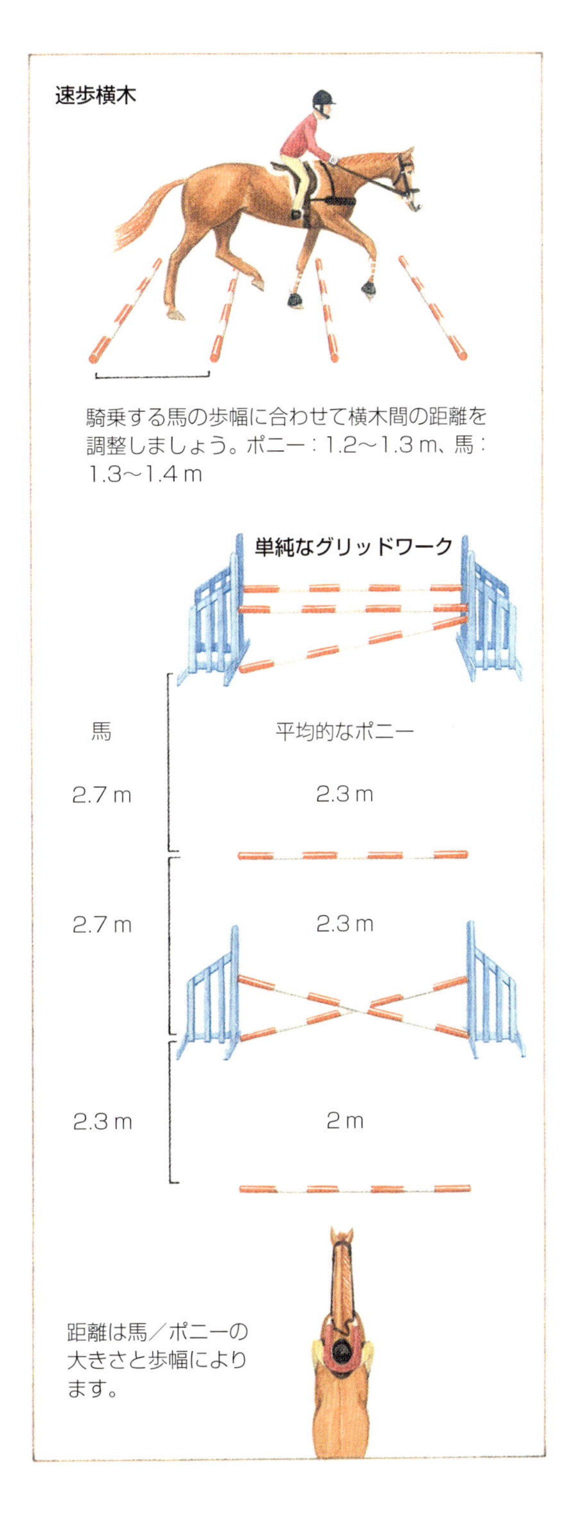

コースの下見

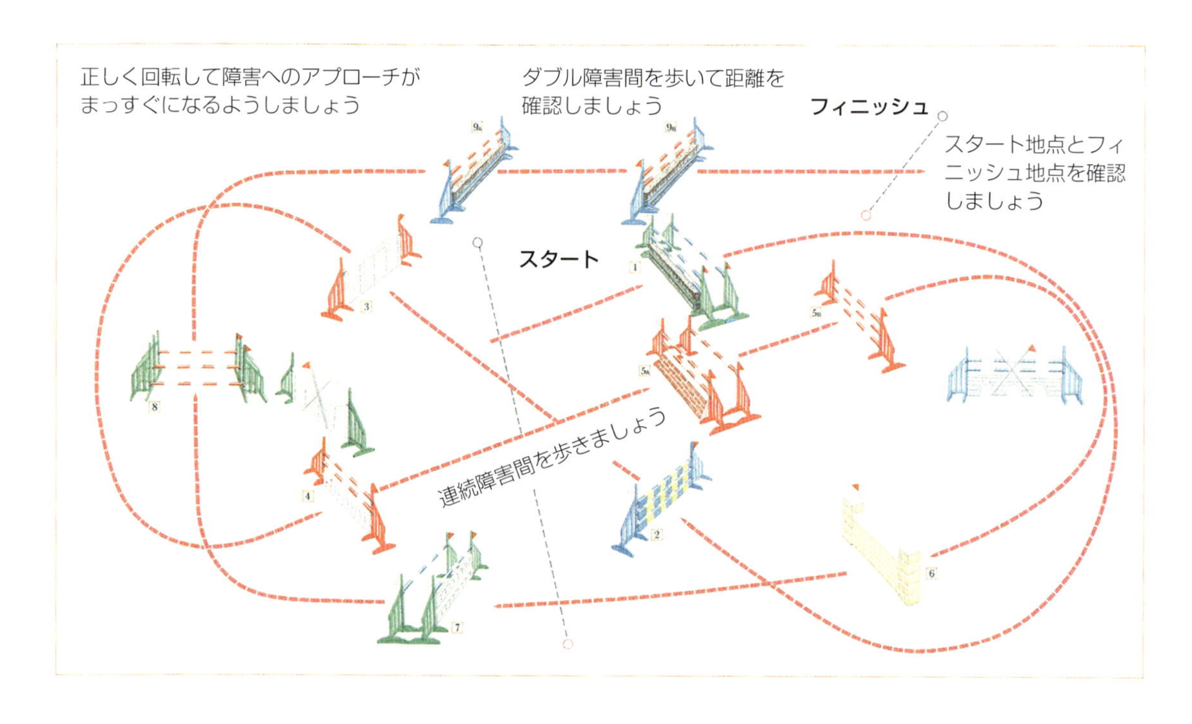

ライダーは走行前のコースの下見を最大限活用し、障害のレイアウトとそれぞれの障害を十分把握しておかなければなりません。下見は集中して行うべきで、友人とおしゃべりをしながら行ってはほとんど意味がありません。障害を１つ２つ抜かしてしまったり、あるいは経路を間違えたりといったミスはよく起こるため、経路と障害をしっかり覚えることはとても大切です。コース違反により失権となってしまう人馬はクラスを問わずにたくさんいます。

コース全体の経路のほかに、障害に向かう回転も確認しておきましょう。どの程度外を回れば障害への適切なアプローチラインに馬を誘導できるかを見定めます。タイム過失は得点に大きく響くこと、回転のたびに広いルートをとれば制限タイムを超過する恐れがあることを頭に入れておきましょう。

実際に騎乗して障害を飛越するイメージをしながら、走行するラインを歩きましょう。連続障害、ダブル障害、トリプル障害では障害間を歩き、走行路面や地形などに特異なことがあればすべて書きとめておきます。

コースを一通り歩き終わったら、立ち止まって障害を確認し、今度は頭のなかでもう一度コースを回ってみましょう。重要な競技会ではコースを二度歩いて回り、完全に頭に入れます（三度回ってもよいかもしれません）。下見が終わったら静かに座り、すべての障害を飛越しながらコースを走行している自分をイメージしましょう。

スタートとフィニッシュ地点を正確に覚え、スタートの合図も確認しておきましょう。笛やベル、ブザーなどがよく使われます。「合図を待て」はゴールデンルールです。

コースの下見をきちんと行わなかったために、満点走行を棒に振ってしまうことはよくあります。下見は集中して行いましょう。

障害へのアプローチ

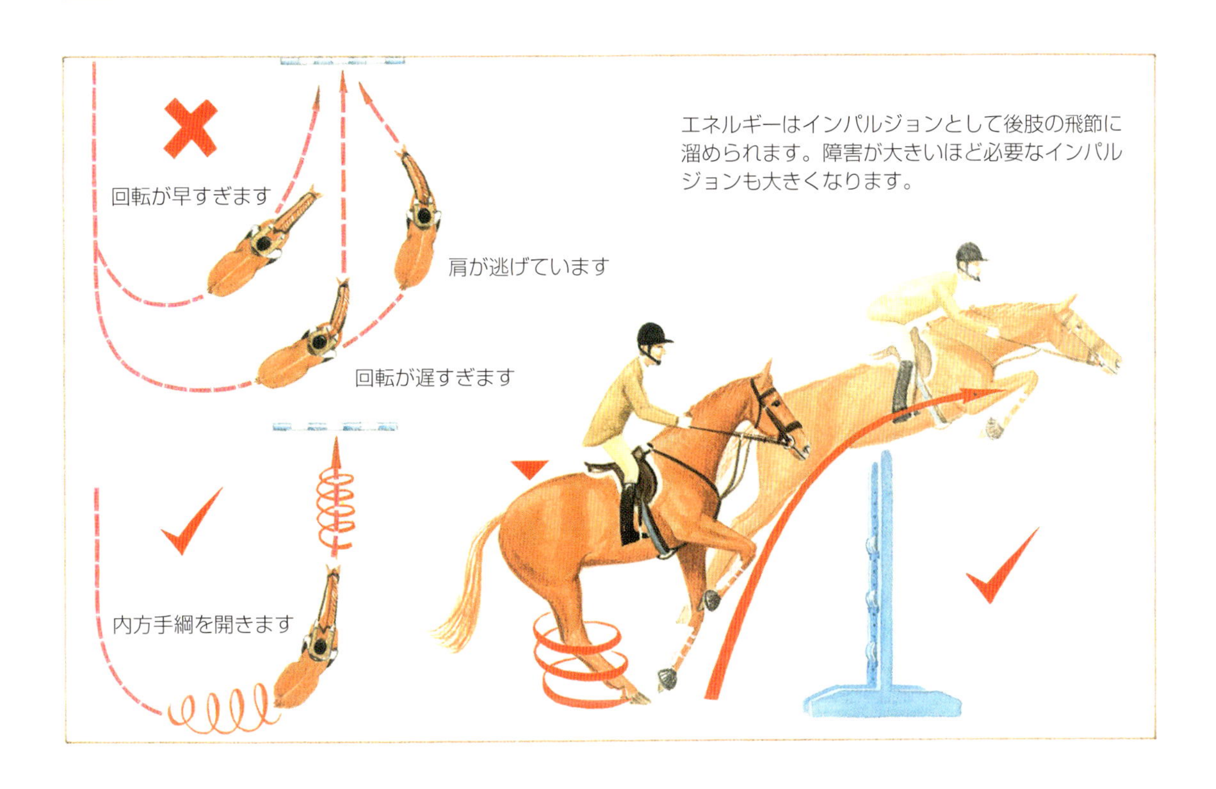

障害へのアプローチには、ラインだけではなく、馬がどのように踏切地点に到達するかも含まれます。

障害に向かうラインはまっすぐでなければなりません。障害に対して直角に、かつ障害の中央に来るように馬を誘導します（特殊な障害ではこの限りではありません。p.21「バーが交差するオクサー」参照）。タイムレースでは障害を斜めに飛越することが必要になりますが、これは調教が進み、十分な経験を馬が積んでから実践しましょう。タイムレースではない最初のコース走行では、できる限り馬が自分で障害を確認できるように、正しく障害に誘導しなければなりません。車や自転車の運転中、どこで曲がるかを判断するときにハンドルを見る人はいないでしょう。ハンドルではなく、行く先を見るはずです。これは騎乗時も同じで、向かう先に顔を向け、行きたい方向を見て体が視線を追えるようにしましょう。下を見ればその瞬間に前進気勢は失われ、正しいラインから外れてしまいます。

どのような障害を飛越するときでも、馬は踏み切るためにエネルギー（インパルジョン）を溜めます。障害が大きければ大きいほど、必要なインパルジョンは大きくなります。一つひとつのアプローチにおいて、ライダーは前進気勢があり、リズムよく、バランスがとれた駈歩、すなわちインパルジョンにあふれた駈歩を馬が維持できるようにしなければなりません。また、着地後も速やかにインパルジョンのある駈歩に戻れるようにする必要があります。

ひとつの障害を飛越し、着地した地点から次の障害へのアプローチがはじまります。優れた障害馬術の選手がコース走行中どのようにリズムとバランスを維持するのかを研究しましょう。

段違いオクサー

段違いオクサーは手前のバーが奥のバーより少し低くなっており、正オクサー（下記）ほどすばやく整った飛越テクニックを必要としないため、馬にとっては正オクサーより飛越が簡単です。馬の飛越フォームがやや平らになっても問題なく飛越できます。

オクサーはバーのみ、または手前にプランク、奥にバーが使われます（プランクは奥に使用してはいけません）。壁の後ろにバーをかけ、フィラー（監注：障害の下におく花などの飾り）を使ってよりしっかりした外観にすることもあります。

オクサーは垂直障害（後述）よりも目立つため、馬は踏切地点を判断しやすくなります。目につく障害は馬も注目するため、あまり目立たない障害よりもうまく飛越できるでしょう。

オクサーの飛越にはインパルジョンが必要であり、そのことを知っているライダーは強い意識を持ってアプローチします。その意識は馬に伝わり、馬もしっかり飛越しようとします。幅障害ではより大きなインパルジョンが必要になりますが、障害の前でペースを速くしてはいけません。脚を馬体にしっかりつけ、踏切まで同じリズムを維持します。歩幅を広げ、ペースを上げると、前肢に体重が乗ってバランスを崩してしまいます。また、肩に人の体重が乗ると障害をミスしてしまいます。

コーナーを利用してインパルジョンを生み出し、半減却扶助を繰り返してアプローチで馬が体の下に後肢を踏み込むのを補助します。

整った「リズムとバランス」を意識し、馬を障害に追い込むのではなく、障害があなたの方に自然と向かって来る感覚にしましょう。

正オクサー

正オクサーは手前と奥のバーの高さが等しい障害です。このため、飛越にはより優れた馬の飛越テクニック、能力、そしてパワーが必要です。手前のバーを飛越するためには素早く前肢を折りたたみ、奥のバーを飛越するためには後肢を伸ばすことができなければなりません。前肢の折りたたみが遅れると、手前のバーに前肢があたってしまいます。後肢を引きずれば、後肢が手前のバーにぶつかるでしょう。後躯の柔軟性が乏しいと奥のバーにあたります。

正オクサーは馬のスコープをみるのに最適です。能力の低い馬には、大きな正オクサーの飛越はとても難しいでしょう。

馬が高さ（手前のバーを飛越する）と幅（奥のバーを飛越する）の両方を飛ぶためには、バランスと十分なインパルジョンが必要です。フラットワークはここで大きな役割を果たします。フラットワークがうまくできていない馬は、正確な飛越が求められる障害で必ず問題に直面します。

障害へのアプローチにおいて、ライダーは馬がよいリズムを維持し、後肢の飛節を馬体の下にしっかり入れ、バランスを維持できるように努めます。馬の口にわずかでも抵抗がある場合は、馬のバランスが取れておらず、後肢が踏み込めていないことを意味します。

障害へのアプローチに問題があると、馬は歩幅の調整が困難となり、正しい位置で踏み切ることができません。リズム、バランス、インパルジョンがあれば、馬は歩幅を自由に調整し、障害を飛越できます。正オクサーの適切な踏切地点の範囲は段違いオクサーほど広くありません。これが正オクサーの難易度が高いもうひとつの理由です。

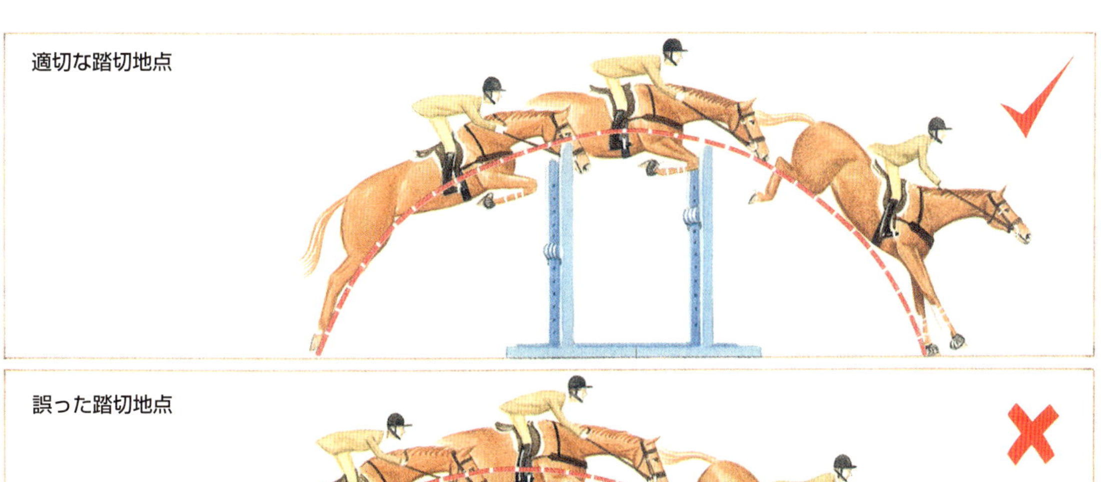
適切な踏切地点

誤った踏切地点

適切な踏切地点

誤った踏切地点

三段横木障害

三段横木障害とは、３組の支柱の奥に向かって徐々に高くなるようバーを乗せた障害です。一番手前の障害にバーではなくフィラーを使うと、よりしっかりした見た目になります。

三段横木障害ではそれほど優れた前肢の飛越テクニックは要求されません。しかし、奥の障害を飛越するためには後肢を後ろに伸ばす必要があります。

幅を飛ぶために少しだけペースを上げることもありますが、前肢に体重が乗らないようにします。インパルジョンが不足していると幅のある飛越が難しくなるため、ライダーはアプローチの段階で馬が十分な力を蓄えられるようにしなければなりません。

三段横木障害では、ライダーは中央のバーに注目するとよいでしょう。中央のバーを目標に騎乗すれば、馬を遠すぎる地点で踏み切らせてしまう可能性は低くなります。踏切地点が遠いと余計な幅を飛ばなければならず、飛び切れずに障害の途中に落下してしまう危険性があります。一度この失敗をすると、馬は三段横木障害を飛ぶことを怖がるようになってしまうかもしれません。

ライダーはできるだけ大きなインパルジョンを生み出し、必要に応じて馬が歩幅を詰められるよう、障害に至るまでそれを維持します。

最初の障害にフィラーがある場合、バーのみの障害よりも馬が飛越を躊躇することを知っておきましょう。より立派で大きな障害では、馬が躊躇しないようさらに大きなインパルジョンが必要になります。とはいえ、三段横木障害は馬には飛びやすい障害であり、通常は問題になりません。

垂直障害

垂直障害にはさまざまな種類があります。単純にバーやプランクでつくられることもありますし、ゲートやレンガ壁などもあります。バーの下にフィラーを使う場合もあります。

馬はグラウンド・ライン（監注：障害前の設置物）で踏切地点を判断します。垂直障害のグラウンド・ラインは障害の真下にあり、馬にとって踏切地点の判断が難しい障害です。結果として、垂直障害では段違いオクサーなどよりもバーの落下が起こりやすくなります。

ライダーは障害へのアプローチにおいて、リズムとバランス、そしてインパルジョンの３要素を維持するよう心がけます。しかし、難しい障害では常にそうですが、より注意が必要なのは正確性です。そして上記の３要素のうちどれかひとつが欠けても問題が起こります。

喜んで障害にぶつかる馬などいません。馬が障害にぶつかるのは、アプローチにおいてライダーがうまく馬を誘導できない場合がほとんどです。馬に飛越させようとアプローチで体を硬くしてしまわないことが大切です。踏切で馬を「手綱だけで持ち上げよう」などと思ってはいけません。そういう意識は馬の背中を反らしてしまうだけで、結果的にバーの落下につながります。同様に、アプローチにおいて、余計なエネルギーを溜めようとして馬のリズムを崩してはいけません。失敗のもとです。

障害へのアプローチでライダーは上体を起こし、障害前の最後の数完歩で体を前傾させないことに注力します。静かに鞍に座り、障害まで終始リズムとバランスを維持します。これが馬の補助となり、上手に垂直障害を飛越できるでしょう。

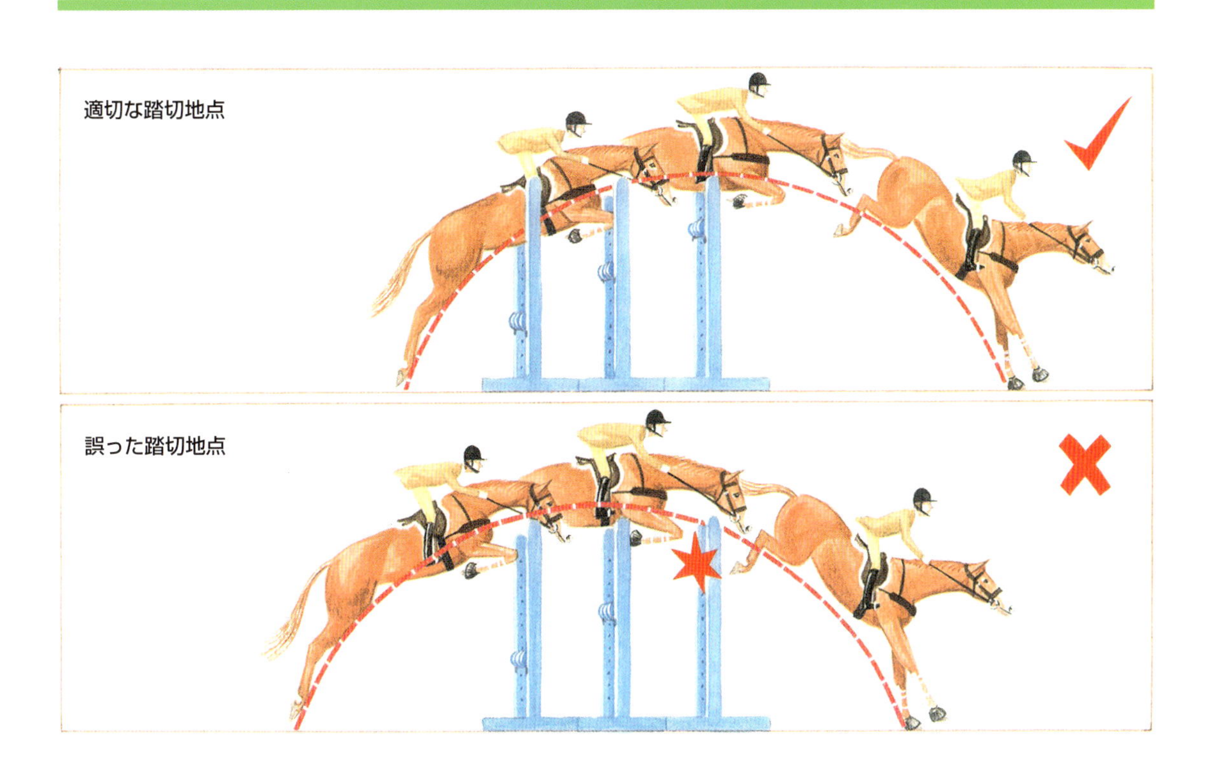

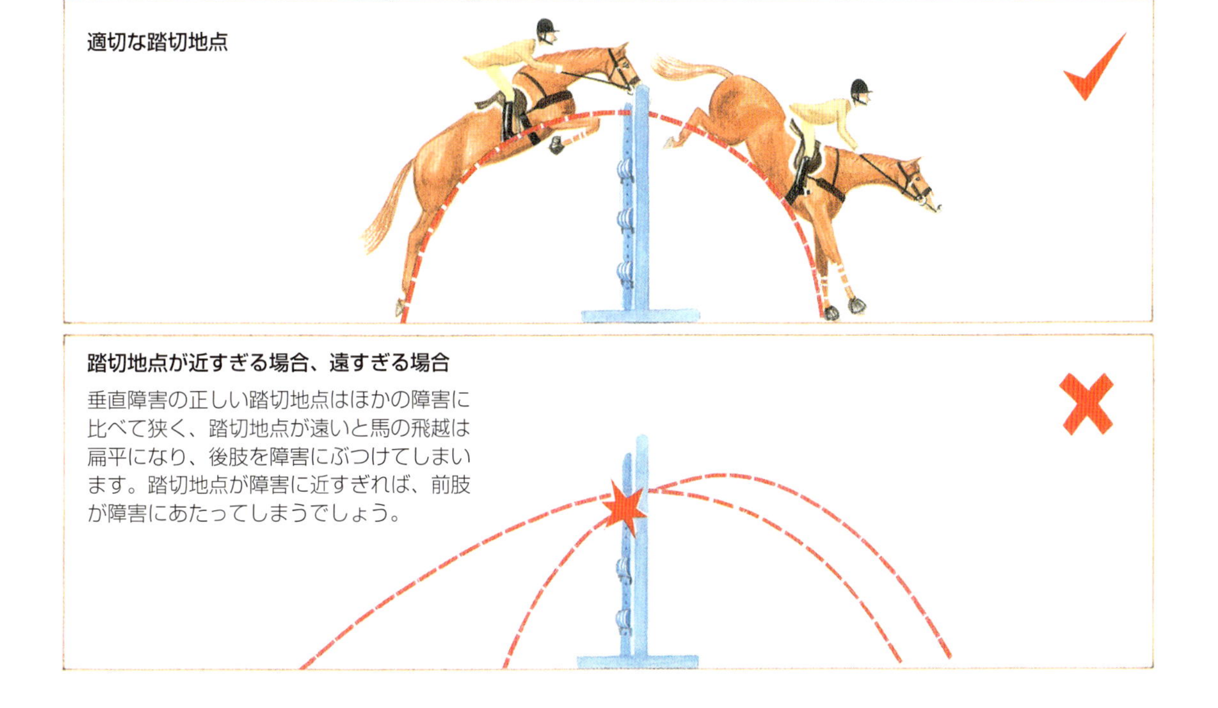

踏切地点が近すぎる場合、遠すぎる場合

垂直障害の正しい踏切地点はほかの障害に比べて狭く、踏切地点が遠いと馬の飛越は扁平になり、後肢を障害にぶつけてしまいます。踏切地点が障害に近すぎれば、前肢が障害にあたってしまうでしょう。

スタイル障害

本来のスタイル障害（監注：ベンチを置いた狭い障害）では白いバーと、ベース部分にベンチを設置します。競技会ではこれは狭い障害として扱われ、レンガ壁やゲート、あるいは複数のプランクで組まれることもあります。

この障害の難易度は高く、障害が狭いために馬はアプローチで不安を感じ、回避しようとすることもあるでしょう。また、あまり目立つ障害ではないため、馬にとって踏切の判断が難しい障害です。本当にこんな狭いところを飛ばなければいけないのだろうかと一瞬でも躊躇すれば、馬は前進気勢を失い、リズム、バランス、インパルジョンも損なわれます。躊躇するのがほんの一瞬だとしても、障害をミスする可能性はぐんと上がってしまいます。

そのため、スタイル障害は馬の調教レベルと従順性を真に試す障害だといえます。調教されていない馬や経験の浅い馬にとって、この種の障害は難しいものです。なぜなら、まだ完全にライダーとの信頼関係が築けておらず、勝手にラインから外れてしまうこともありますし、リズムとバランスを十分維持することもできないからです。

狭い障害を飛越するうえで最も重要なことのひとつに、障害へのアプローチラインが障害の中央に向かって垂直であることがあります。アプローチでのミスはこの種の障害では許されません。一度正確なラインに乗ったら、あとは踏切まで、ライダーはリズムとバランスを維持することに集中します。間違っても踏切で馬を上に持ち上げようとしてはいけません。ただし、踏切まで手綱をしっかり持ち、軽いコンタクトを維持しましょう。突然コンタクトを失えば、馬は障害を回避しようとします。

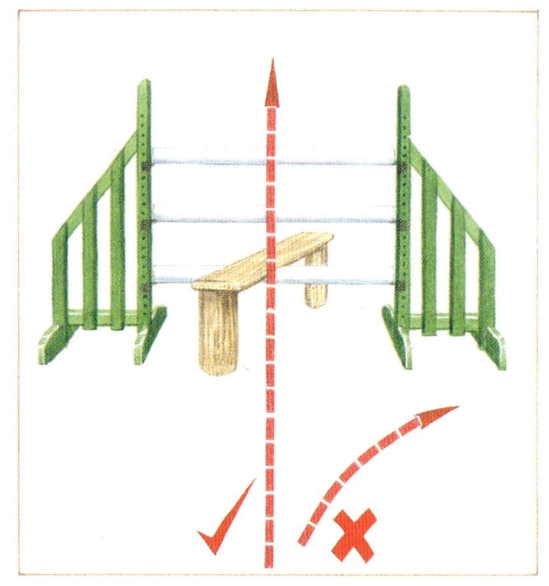

スタイル障害への正しいアプローチ。ラインは障害に対して垂直でなければならず、ここでの失敗は許されません。

ヘルシンキ・ゲート
この障害はスタイル障害と同じように考えましょう。

バーが交差するオクサー

これは手前と奥のバーをそれぞれ斜めに設置することで、平行面でバーを交差させた幅障害です。アプローチのラインが正確であれば、馬には飛びやすい障害です。通常は障害の手前にフィラーが置かれ、よりしっかりした見た目になっています。

この障害では「常に障害の中央を飛ぶ」という障害飛越の原則から外れて考えることが大切です。アプローチのラインは、障害が正オクサーではなく段違いオクサーになる位置を選びましょう。たとえば、障害へのアプローチで障害の左側を見たときに手前のバーが高くなっていれば、奥のバーは右側が高いということになります。その場合に障害の中央を飛ぶと、左側が上がっている手前のバーに左前肢をぶつけてしまう危険性があります。馬は後肢よりも前肢を障害にあてることが多いので、中央よりわずかに右寄りのラインを取れば、奥のバーが右に向かって少しずつ上がっていたとしても、馬は飛越できるはずです。前肢が奥のバーにあたらないよう馬はより大きく跳躍し、空中で背中を反らさなければ、飛越ラインはきれいな放物線を描き、奥のバーに後肢をぶつけることなく飛越できるでしょう。

手前のバーの右側が上がっている場合は、アプローチのラインは障害中央よりやや左寄りになります。もちろん、ラインは直線でなければなりません。

飛越がまっすぐ前を向くのではなく左右どちらかに向いてしまうと、問題が起こります。左右によれる癖は決して好ましくありませんが、よくみられる癖です。馬は正しい飛越テクニックで飛ぶことを嫌がり、どちらかに曲がって飛ぶのです。これは矯正の難しい問題です。騎乗する馬の飛越が常にまっすぐではないとわかっている場合は、アプローチのライン取りに注意が必要です。競技会で対処できるよう、普段の練習で最善の対処法を見つけておきましょう。

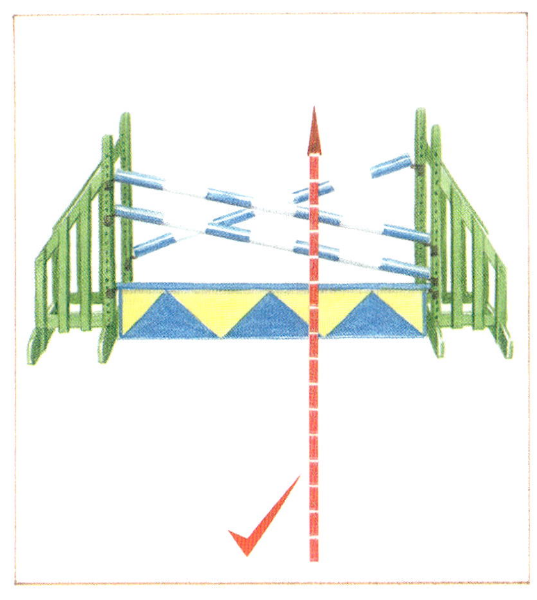

手前の横木の左側が上がっている場合は、障害中央よりやや右寄りのラインを取ります。そうするとこの障害は段違いオクサーと同じになります。

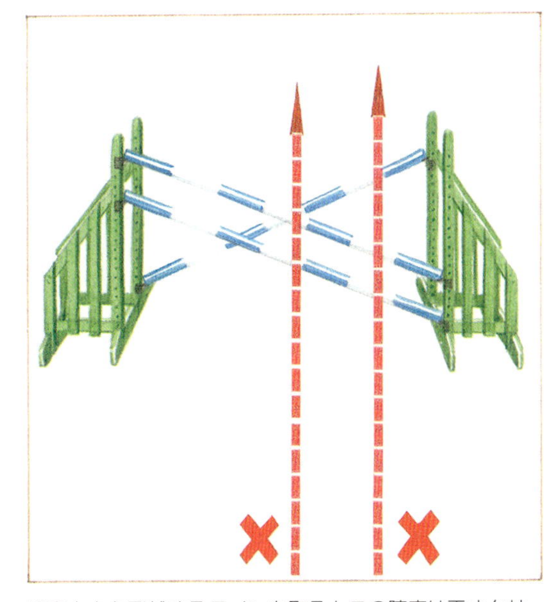

障害中央を飛越するラインを取るとこの障害は正オクサーになり、飛越の難易度が上がります。右に寄りすぎると奥の横木が高くなりすぎてしまいます。

ダブル障害とコンビネーション障害

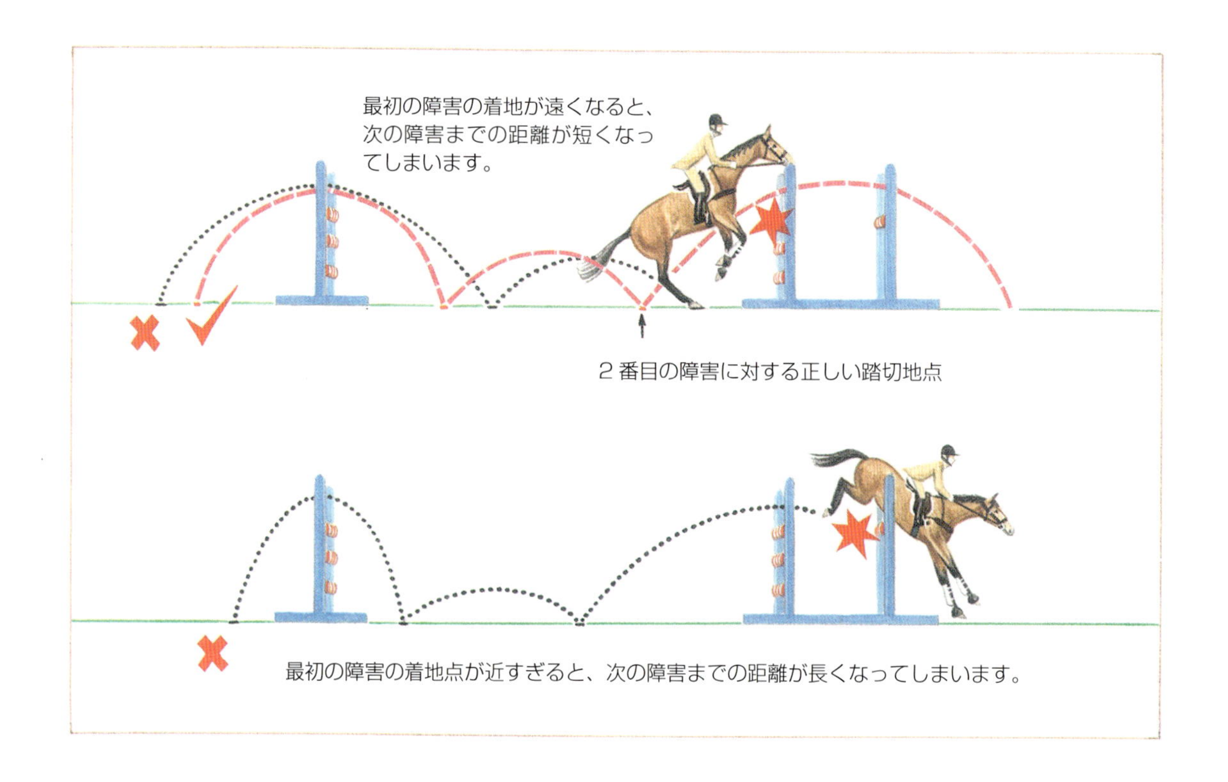

間歩（監注：障害間の馬の歩数）が1歩あるいは2歩のダブル障害の距離について、詳細な説明はここでは省略しますが（ダブル障害の距離については p.28 参考書籍2を参照）、ライダーは2つの障害が連続するダブル障害や、3つの障害が連続するトリプルなどのコンビネーション障害での間歩数を認識し、適切に次の障害に向かうことができなければなりません。障害間を歩いて自分の馬の間歩数を確認するときは、自分の歩幅を一定にしなければなりませんが、これには練習と経験が必要です。自分の馬の自然な歩幅で間歩が1歩となるダブル障害の正確な障害間距離を測り、どの程度の歩幅が適切なのかがわかるまで障害間を歩く練習をしましょう。

目安として、間歩が馬の1歩のダブル障害間を歩くと、8歩になります。間歩が2歩のダブル障害の場合は、11歩になります。距離が短いのか長いのかを判断するためには8歩、あるいは11歩が「感覚」でわからなければなりません。

距離を歩測するときは常に視線を下げ、前の障害を見ないようにします。障害が目に入ると無意識のうちに歩数を合わせてしまうからです。

コンビネーション障害や連続障害では馬の運動能力とパワーが求められます。また、馬が2個目以降の障害をうまく飛越するためには、最初の障害への誘導が適切でなければなりません。

最初の障害の飛越の成否は続く障害の飛越に影響するため、必ず成功させましょう。アプローチにおいてより大きなインパルジョンがあれば、コンビネーション障害の最初の障害を適切な歩幅で飛越できるでしょう。ライダーは馬のリズムやバランスの妨げにならないよう、強引な騎乗をしないようにします。

連続障害

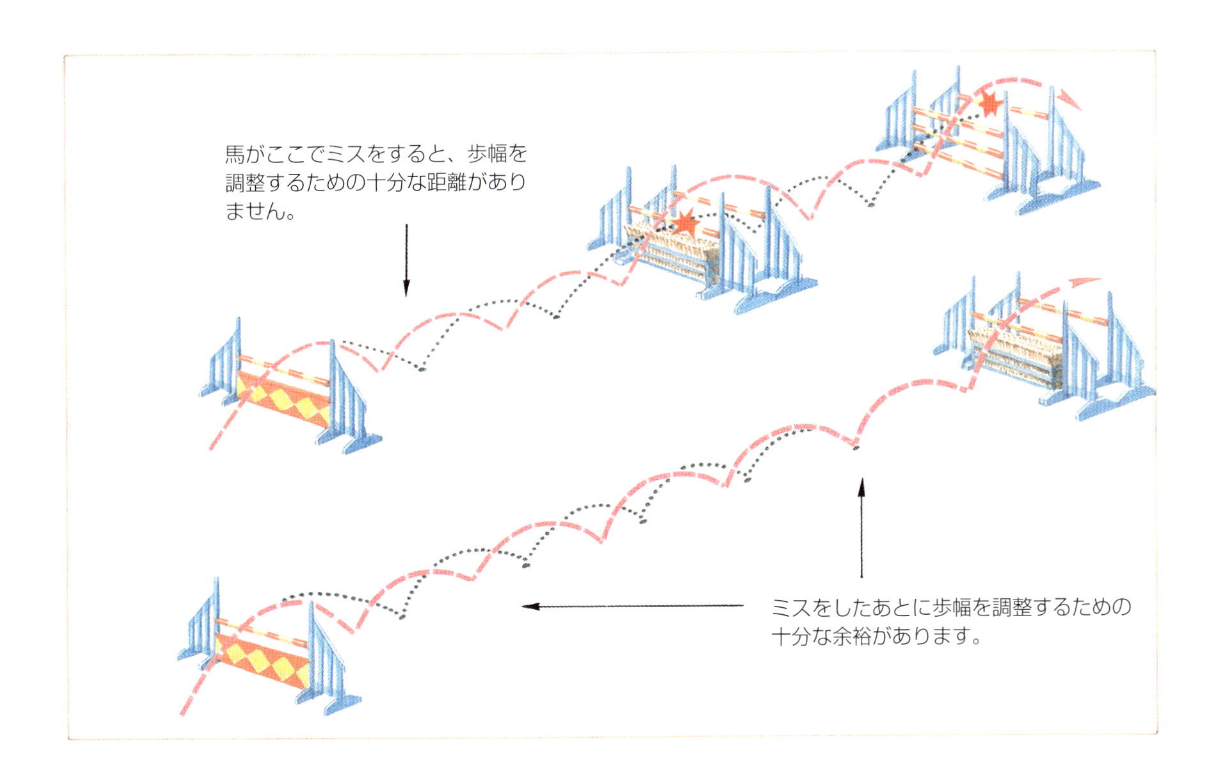

連続障害とは、2個以上の障害が3間歩以上の距離を置いて設置される障害をいいます。障害間が1間歩、あるいは2間歩の場合は、ダブル障害もしくはコンビネーション障害と呼ばれます（詳細な解説はここでは省略します。間歩の測定については p.28 参考書籍2を参照）。

馬の歩幅の平均は3.6 m、ポニーの歩幅の平均は2.7 mです。しかし、連続障害の距離を歩測するときは、歩幅が長くなる、あるいは短くなる要因を頭に入れておく必要があります（p.28「最後に」参照）。

何頭か馬を観察し、どのように連続障害を飛越するかをみることは、騎乗のヒントになるでしょう。しかし、自分が騎乗する馬と異なるタイプの馬を見て判断を誤らないよう注意が必要です。連続障害では最初の障害で失敗すると続く障害も失敗します。最初の障害飛越の着地地点が適切でないと、次の障害への距離が短くまたは長くなってしまい、適切な歩幅が取れません。

連続障害では、本来の歩幅とは異なる歩幅に適応する馬の能力と、それまでのトレーニングが試されます。だからこそフラットワークに時間をかけ、馬が抵抗なく、またリズムやバランスを損なうことなく歩幅を調節できるように教えましょう。

ライダーの役割は最後の障害までリズムとバランス、インパルジョンを維持することです。ひとつの障害を飛越して着地したら、馬はできるだけ速やかにリズムとバランスをもとの状態に戻し、ライダーは半減却扶助を使ってインパルジョンを取り戻す必要があります。

競技会で馬がさまざまな距離に適応できるよう、普段のトレーニングに連続障害を取り入れましょう。

練習馬場でのウォーミングアップ

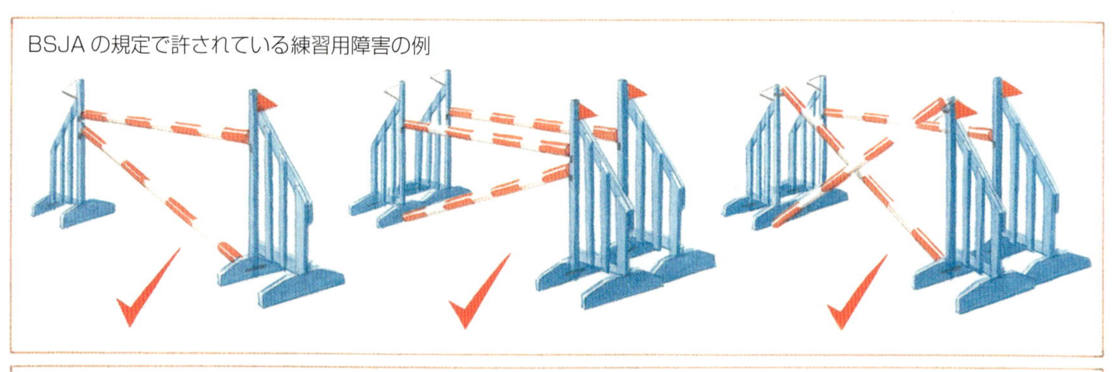
BSJA の規定で許されている練習用障害の例

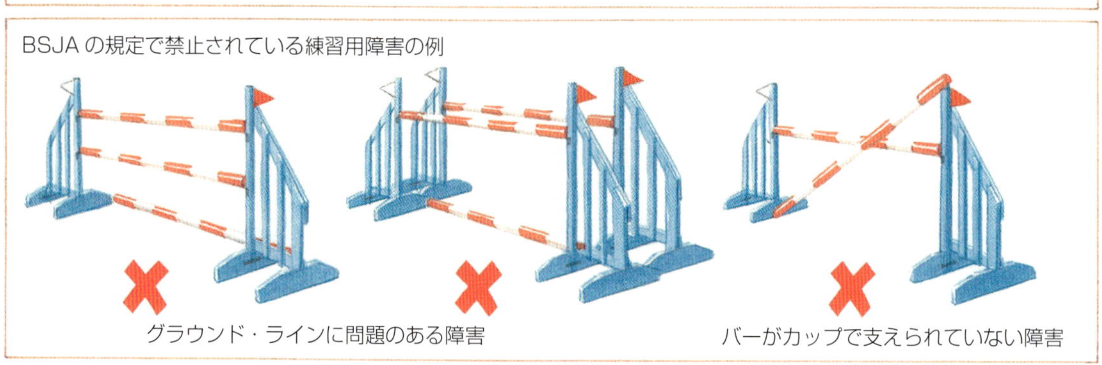
BSJA の規定で禁止されている練習用障害の例

グラウンド・ラインに問題のある障害

バーがカップで支えられていない障害

コース走行前には練習馬場でウォーミングアップを行います。これにより、コース走行時に要求される指示に対し、馬が心身ともに応えられるよう準備をします。若馬にとって、競技会に出場しはじめたころは何もかもが新鮮で、競技に集中できる程度に落ち着くには時間がかかります。ウォーミングアップでは体をほぐす運動をいくつか行い、背中の筋肉を十分伸ばして、後肢の飛節を体の下にしっかりと入れられるようにします。柔軟で伸びやかなフラットワークができなければ、障害飛越で正しく体を使うことはできません。馬がリラックスするまで運動しましょう。とはいえ、馬を疲弊させてはいけません。

最初の障害は低めのクロスバーで、速歩で飛越するとよいでしょう。BSJA（British Showjumping Association）の規程ではウォーミングアップで地上横木を使うことは認められていません。

クロスバーを2回ほど飛んだら、次に低い垂直障害を駈歩で飛んでみましょう。ライダーはすべての障害において馬のリズムとバランスを維持し、障害の大きさに合わせてインパルジョンを増すようにします。

垂直障害を2、3回飛越したら、次はオクサーです。馬がまっすぐ飛べるよう、最初の2回は手前をクロスバーにするとよいでしょう。続いて段違いオクサー、それから正オクサーを飛越します。ウォーミングアップでは、コース上の最も大きな障害と同じ高さと幅の障害まで飛べるようにしましょう。

馬を集中させ、正しいフォームで飛越するために、最後に垂直障害を飛んでウォーミングアップを終えます。

自分の走行までの待ち時間が長い場合は、競技馬場に入る直前にもう一度障害を飛びましょう。

障害物の落下

馬が障害物を落とす理由はさまざまです。ライダーはまず馬が障害を落とす理由を判断しなければなりません。問題が明らかにならなければ、矯正することはできません。

馬が肢を障害にあててしまうのは、多くの場合ライダーのミスや馬の弱さ、あるいはトレーニング不足のために、正確な飛越ができないことによります。馬が不器用なため障害を落とすということはほとんどありません。アプローチの問題は、障害物の落下に直結します。前進気勢がない、ペースが早すぎる、ラインが曲がっている、ライダーに抵抗している、背中が硬い、推進力が足りない、障害に驚き動揺しているなど、アプローチで起こる問題もその原因もさまざまです。

飛越テクニック（p.10「馬の飛越テクニック」参照）に問題があると、ミスの許容範囲がかなり狭まるためより障害を落下させやすくなります。残念ながら、障害物落下の90％はライダーのミスによるものだといえます。トレーニング不足によるミスは長期にわたる問題となります。アプローチにおけるライダーの干渉や、ラインのゆがみは即失敗につながります。馬場が滑りやすくなっている、あるいは人やものによって馬が集中できないといった外的な要因も、特に若く経験の浅い馬では、飛越の成否に影響するでしょう。

体に痛みなどの異常があると、飛越能力は制限されます。たとえば、背中や肢、口などの異常がよくあります。痛みがあると、馬は正しいフォームで飛ぶことを躊躇し、障害にぶつかってしまいます。

馬が障害を落下させても決して馬をたたいたり、しかったりしてはいけません。なぜ障害にぶつかったのかを分析しましょう。馬の前進気勢がなかったと感じるとしたら、それは推進力が不十分なまま障害へのアプローチを許してしまったあなたの責任です！

前肢を引きずっています。未熟な飛越テクニックとトレーニング不足は障害物を落下させる大きな要因となります。

この馬は背中に柔軟性がなく、反らせています。背中が硬ければ後肢を上げることができません。

拒止

馬が飛越を嫌がる理由は、障害物落下の原因と同様にさまざまです。不従順やトレーニング不足もありますし、純粋に恐怖を感じている場合もあるでしょう。正しいフラットワークは重要で、リズムとバランスを維持し、後肢を踏み込ませて障害に向かうことが大切です。

若く未熟な馬は障害の前で不安を感じ、止まってしまうかもしれません。なぜなら、目の前にあるよくわからない、とても怖そうなものを飛び越さなければならないなどとは思ってもいないからです。そのため障害に驚き、拒止します。一度きらびやかな障害を飛越できれば、似たような障害を飛ぶことを恐れなくなるはずです。

ペースが速すぎる、インパルジョンが足りない、アプローチラインが斜めになっている、ライダーがバランスを崩し、馬の邪魔をしているなど、障害へのアプローチにおける問題は、すべてライダーのミスによって起こります。

足もとが悪く、滑りやすいと馬が不安になり、踏切時に滑ってしまう可能性があります（バランスがとれていれば滑ることはありません）。屋外での障害飛越では必ずスタッドを装着し、グリップを強くしましょう。

馬の能力を超える大きな障害を飛ばせようとすれば、拒止を招きます。一度でもそういう経験をすると馬は非協力的になり、不従順な態度をみせることがあるでしょう。

馬が疲れていれば障害前で止まるのは当然です。体に痛みや不快を感じている場合も同様です。

ライダーが中途半端な気持ちで障害に向かえば、本気で飛越するつもりがないことがすぐに馬に伝わり、馬は飛ぶ気を失ってしまいます。ライダーはバランスを維持し、手と脚で馬をしっかり保持して障害に向かわなければなりません。飛越の直前に手綱が緩み、コンタクトを失えば、馬は拒止するでしょう。

若馬の競技会デビュー

若馬のデビューは、ライダーの扶助にしっかりと応えられるようになってからにしましょう。また、馬が未熟で基礎的なトレーニングしかしていない場合でも、ライダーはコントロールの基本を身につけている必要があります。馬がまったく調教されていない場合、反抗を防ぐことは難しいでしょう。ライダーの指示を無視しても許されるということを一度でも若馬が経験してしまうと、以後反抗を繰り返すようになります。指示には従わなければいけないということを、馬が理解している必要があります。初めての競技会に連れていくときは、運動不足はもちろんのこと、馬にとって何もかもが目新しいということがないようにしましょう。競技会直前の2、3日は十分運動させ、元気すぎる状態で競技会場に到着することがないようにします。会場はほかの馬や競技会の旗、大音響のスピーカーなど、日常とは異なるあらゆる刺激にあふれているからです。

ほかの馬から離れたところで運動させ、自分の馬が経験の浅い若馬であることをほかの選手に伝えておきます。練習用障害を飛越するエリアには、馬が落ち着くまで入ってはいけません。練習用障害の飛越にはたっぷり時間をかけるべきですが、やりすぎて馬を疲弊させないように注意します。若馬のエネルギーレベルはきわめて低いのです。馬を怖がらせることがないよう、はじめの何回かは低い障害の競技にのみ出場させましょう。

自分の順番になって競技馬場に入ったら、あからさまに馬に障害を見せることは避け、なるべく障害の周囲を速歩で回り、スタート地点に向かいます。コンビネーション障害の間や、馬がとりわけ怖がりそうなフィラーの横を速歩で通過するのもよいでしょう。それから速歩か駈歩で落ち着いてコース走行をはじめましょう。コース走行は馬のトレーニングであり、できる限りリズムを一定にして回ることを教える機会であるということを、忘れないようにしましょう。

競技馬場の横に馬を立たせ、ほかの選手の飛越を観察させてあげましょう。

最後に

- フラットワークの出来は障害飛越の出来を左右します。リズム、バランス、インパルジョンは馬場馬術、障害馬術に共通するキーワードです。
- 若馬を急がせてはいけません。障害飛越のタイムレースで若馬に襲歩をさせたりしてはいけません。飛越を台無しにしてしまいます。
- 正しいトレーニングと正しい騎乗の成果は馬場状態が悪いときに顕著に現れます。堂々とした人目を引く障害は、印象の薄い障害よりも飛越が容易です。
- 馬は入場口に向かって飛越するほうが逆向きに飛越するよりもスムーズに飛越します。逆向きに飛越する障害へのアプローチでは、よりしっかりした扶助を送れるようにしましょう。
- 普段の練習でも競技会でも、馬を怖がらせてはいけません。障害を飛ぶ前によく考えましょう。入場口から遠ざかる場合や、やや上り坂になっている場合、屋内馬場のように閉じられたエリアの場合、足もとが深くぬかるんでいる場合には、馬の歩幅は短くなります。反対に入場口の方向に向かう場合、やや下り坂を行く場合、障害馬場がひらけている場合、馬場状態が完璧な場合は、歩幅は長くなります（ただし、急な下り坂では前肢を突っ張って止まってしまいます）。
- 屋外での障害飛越では必ずスタッドを装着し、グリップ性を高めましょう。
- 常に障害飛越にふさわしい服装で飛越にのぞみましょう。**必ず**ヘルメットをかぶり、運動靴では**決して**飛ばないようにしましょう。
- 忍耐強くありましょう。馬が失敗した場合は、馬を責める前に理由を考えましょう。たいていの失敗はライダーであるあなたに原因があるのです！

■参考書籍

1 Jane Wallace, Jane Holderness-Roddam. 馬場馬術の基礎.『馬のハンドブック　イラストガイドで馬に乗ろう！（楠瀬 良 監訳）』. 源草社. 東京. 2001. pp8-28.

2 Maureen Summers. Basic Coursebuilding. Kenilworth Press. Addington, UK. 1991.

第2章

障害馬術で起こる問題とその解決

SOLVING SHOW-JUMPING PROBLEMS

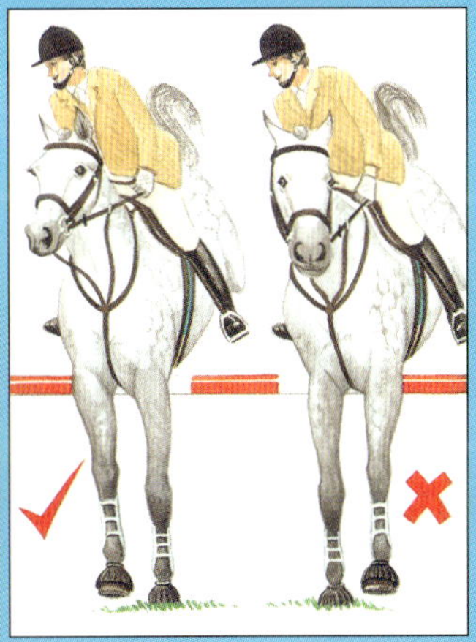
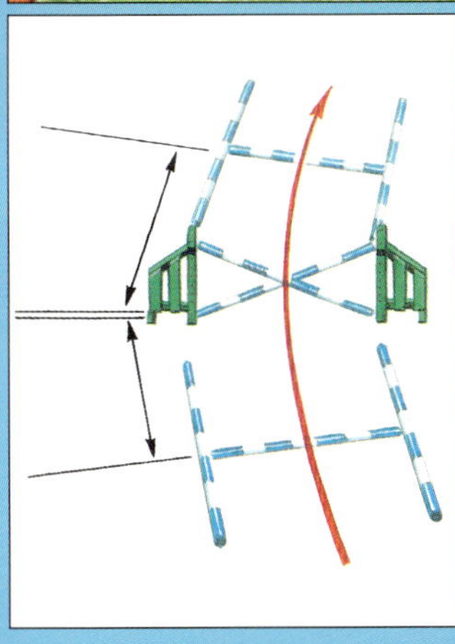

はじめに

障害馬術で生じる問題の多くは、間違ったフラットワークに原因があります。馬場馬術でも障害馬術でも、前進気勢、バランス、リズムが重要な原則であることは変わりません。フラットワークが適切であれば、障害の飛越で大きな問題に直面することはないでしょう。フラットワークを行う最大の目的のひとつは、障害飛越に必要な柔軟性と従順性を養うことです。基本的なフラットワークができていない馬は、自分でバランスを調整することが難しいため、障害を前にして必要なときにライダーに協力し、歩幅を調整することは不可能でしょう。障害馬術の馬はフラットワークにおいても、障害飛越においても、運動能力を発揮できるように調教する必要があるのです。硬さや従順性の欠如は障害馬術競技のコース走行ですぐに現れ、過失につながります。フラットワークのトレーニングが適切になされていれば、競技での減点も起こりにくくなるのです。

路面の状況や馬の気を散らす要素、障害へのアプローチライン、障害間の距離、馬とライダーの経験の度合いなどの外的な要素は、すべて満点走行できるかどうかに大きく影響します。

コースの下見は慎重に行い、馬に影響しそうなあらゆる危険性を意識に留めておきましょう。ライダーはコースにおけるすべての回転と、それぞれの障害への正確なラインを確認しなければなりません。コンビネーション障害や連続障害では障害間の距離を歩測し、自分の馬の歩幅に合っているかどうかを判断します（連続障害での障害間の距離は1間歩から6間歩までさまざまです）。ほかのライダーの走行を観察し、特にコース上で問題になっている場所がないか、もしあれば何が問題なのかを確認して自分の走行に役立てましょう。

フラットワークでも障害飛越でも、馬に特定の問題がみられるときは、その原因を把握することが大切です。何が問題なのかを理解することは、解決への大きな一歩となるのです。

競技馬場に入らない

競技馬場に入らないといった不従順または反抗的な行動の多くは、馬が恐怖や不安を感じているために起こります。障害を飛ぶ自信がまだない、あるいは競技馬場で過去に不安な経験をしていることがその根底にあります。

馬は群れをつくって生きる動物であり、不安やストレスを感じると本能的に群れの仲間に寄り添おうとします。そのため、馬がライダーを信頼し、従順であることがとても重要です。

まずは馬が反抗的になる理由をはっきりさせることが大切です。恐怖や不安、あるいは単に反抗的な性格の現れである場合もあるでしょう。理由が何であれ、ライダーは神経質になったりイライラしたりしてはいけません。冷静に、強い意志を持って騎乗します。馬が不安を感じているときは、ライダーが安心させる必要があります。優しく愛撫しながら言葉をかけ、励ましましょう。これは鞭を使うよりもずっと効果的です。ライダーは毅然とした態度で騎乗すべきですが、不必要にことを大きくしてはいけません。

最初に馬と折り合いをつけることが最善の方法です。前進気勢のある速歩、あるいは駈歩で競技馬場に向かい、馬が気づく前になかに入ってしまいましょう。馬が反抗するのではないかと気を揉んでいると、実際に馬は反抗したり、嫌がったりするものです。

入場口が開いていることを確認し、馬を元気よく前に出して積極的に競技馬場に入りましょう。入口で一度止まり、それから馬を前進させようとすれば、わざわざ馬に入場を拒むチャンスを与えてしまいます。

自分の馬が混乱している場合は、別の馬に先導してもらうのもよいでしょう。

馬が今後自信をつけていくことができるように、競技馬場での経験が楽しいものになるよう努力しましょう。

障害だらけの競技馬場に１頭だけで入っていくより、ほかの馬と一緒にいたいと考える馬もいるのです。

馬に問題行動がある場合は常に近くにいる馬や人に注意しましょう。鞭を入れられれば馬は肢を蹴り上げます。自分の馬が誰かを蹴ってしまわないよう十分注意しましょう。

怯える／驚く

若く経験の浅い馬は、目新しく、明るい色を塗られた障害に怯える（驚く）ものです。色とりどりのさまざまな障害を飛越するのに慣れれば自信がつき、それほど驚かなくなるでしょう。

長く競技会に参加していなかった馬は、最初の障害で怯えてしまうことがありますが、すぐに落ち着くでしょう。

怖がりの馬に騎乗するのは難しいものです。リズムよく流れるようにコースを走行するのがほぼ不可能になってしまうからです。

障害前で怯える馬のなかには、できる限り速く障害をやり過ごすため突進する馬もいます。この場合、ライダーのバランスが大いに試されます。馬の勢いについていくため、不自然な飛越になるでしょう。ネックストラップに軽く指を1本入れておくと、バランスの維持に役立ちます。

馬が怯えるとリズムとインパルジョンは失われます。その影響を抑えるために、ライダーは脚でしっかり、かつできる限りソフトに馬体を包み、いつでも積極的に推進できるようにしておきます。

小さな障害ならば驚いても飛越できるかもしれませんが、問題は大きな障害に驚いた場合で、インパルジョンを欠き、リズムとバランスが不十分な状態では、大きな障害を飛び越えるのはほぼ不可能です。そのため、馬が経験を積み、自信をつけるまで大きな障害の飛越は避けるべきです。一度大きな障害の前で恐怖を感じると、それ以降問題は悪化するばかりで、馬はますます障害への不信感を強めてしまいます。

競技会で驚きやすい馬ほど、早い段階からさまざまな障害を受け入れられるようトレーニングを段階的に積みかさねる必要があります。

第1障害での拒止

この問題はこれまでに紹介した2つの問題に続いて起こります。馬が競技馬場に入るのを嫌がり、障害や大勢の観客などに驚いてしまったら、飛越に集中するのは難しいでしょう。

馬もライダーも飛越の準備ができていることが重要です。ウォーミングアップ後に、ほどよいアドレナリンが出ていなければなりません。練習用の障害はそのためにあり、馬もライダーもコースの障害に挑む準備ができるまで十分に飛越しましょう。もちろんやりすぎはいけません。練習馬場で満点走行が終わってしまいます！　練習ではコース中の障害と同じ大きさの障害まで飛び、それ以上大きな障害を飛ぶ必要はあまりありません。

ウォーミングアップ後、自分の順番まで長く待たなくてすむように、練習するタイミングに気をつけましょう。練習終了時に自分の順番までまだ2組以上いる場合は、競技馬場に入る直前にもう一度軽く障害を飛ぶとよいでしょう。

競技馬場に入ったら最初の障害の位置を確認し、アプローチラインが直線になるようにしましょう。リズムとバランスを整えて積極的に騎乗し、前進気勢がある状態でスタートラインを通過します。前進気勢が十分でない場合は軽く蹴るか鞭を入れ、脚の扶助に注意を向けさせましょう。しかし推進しすぎてはいけません。馬が突進し、背中が平らになれば、別の問題が起こります。

第1障害はたいてい入場口（練習用馬場）に向かって飛越するように設置されています。入場口から離れるように第1障害を飛ばなければならない場合は、アプローチにより注意が必要です。

生まれつきほかの馬より驚きやすい馬もいます。なかには障害などそれまでに見たことがないというような素振りをみせる馬もいるでしょう！

自分の馬が競技馬場の障害を怖がりそうだと思ったら、スタートラインを切る前に２回ほどその障害の横を通るようにしましょう。

経験の浅い馬やライダーは、第１障害でつまづくことが多々あります。

障害に突進する

馬が障害に向かって突進する理由はさまざまです。馬が若く、興奮している場合はいくつか障害を飛ぶうちに落ち着くでしょう。飛越に恐怖を感じ、障害に突進していることもあります。

体に痛みがある馬も障害に突進することがあります。障害を飛ぶことで感じる痛みや不快感から逃れようと、大急ぎで障害に向かうのです。障害へのアプローチで動きを制限され、なんとか自由になりたいと突進する馬もいます。また、ライダーがアプローチで馬を推進しすぎて、リズムとバランスが崩れている場合もあるでしょう。

ライダーは障害へのアプローチでリズム、バランス、そして十分なインパルジョンを維持できなければなりません。それができていれば、馬は障害に突進しなくてすむのです。拳のコンタクトはできるだけ柔らかく、静かに座り、脚の圧を一定に保てるようにしましょう。少しでも脚の圧が大きくなれば馬を急がせることになってしまいます。

普段は低い障害で練習し、前進気勢とリズムの維持に努めましょう。障害飛越の合間に駈歩で小さな輪乗りをし、できる限り受身的で静かに、ただし、指示に従うようはっきりと馬に要求します。

馬が怯えている場合は、1段階レベルを落として、より低い障害を飛越し、馬の自信を回復させることが必要かもしれません。

体のどこかに痛みがあると疑われる場合は獣医師に相談しましょう。

このイラストではライダーがコントロールを失っているばかりか、踏切のために歩幅を調整する機会が馬にありません。歩幅の調整ができなければ、バランスの崩れた飛越となり、障害に肢をぶつけてしまうでしょう。

普段の練習にグリッドワークを取り入れることで馬の運動能力、リズム、バランスが向上し、結果として障害に突進するという問題の改善につながります。

障害前後の回転における問題

この問題は馬がバランスを欠き、後肢の踏み込みが不足することで起こります。後躯で体重を上手に支えることのできない馬への騎乗は、左右の前輪がパンクした車を運転するようなものです。

障害飛越後の回転で起こる問題は、馬が障害に突進したことが原因かもしれません（前頁「障害に突進する」参照）。馬が焦って飛越し、障害上で背中が平らになると、バランスよく着地することはできないでしょう。

馬のバランスを向上させるにはフラットワークを正しく行う必要があります。回転や輪乗りを日常的に行い、ライダーは外方の脚や手綱の扶助を正しく使うことを意識します。

コース走行の準備として、回転は駈歩で何度も練習する必要があります。地上横木を使った回転と通過の練習は効果的です。ライダーは横木通過後も安定したリズムを保てるよう努力することが大切です。拳も軽く一定になるようにしましょう。この運動をリズムとバランスを保ったまま行うことができなければ、問題なくコースを走行することはできないでしょう。

馬が少しでも回転を嫌がる場合、それはライダーへの抵抗であり、人馬の調和が取れていないことを示します。このとき、より強いハミを使うことで、問題を対処することは短絡的な方法です。日頃の調教の質を上げ、馬の従順性を養う以外にこの問題の解決方法はありません。

人馬のバランスは回転に直接影響し、飛越時のバランスがよいほど着地後のバランスもよくなります。コース走行において、障害飛越後の着地は次の障害へのアプローチにつながるということを忘れてはいけません。1回でもバランスの悪い馬体の伸びた飛越をすれば、その影響は雪だるま式に膨れ上がり（特に連続障害においては）、その後ますます馬体は伸びてバランスを失います。

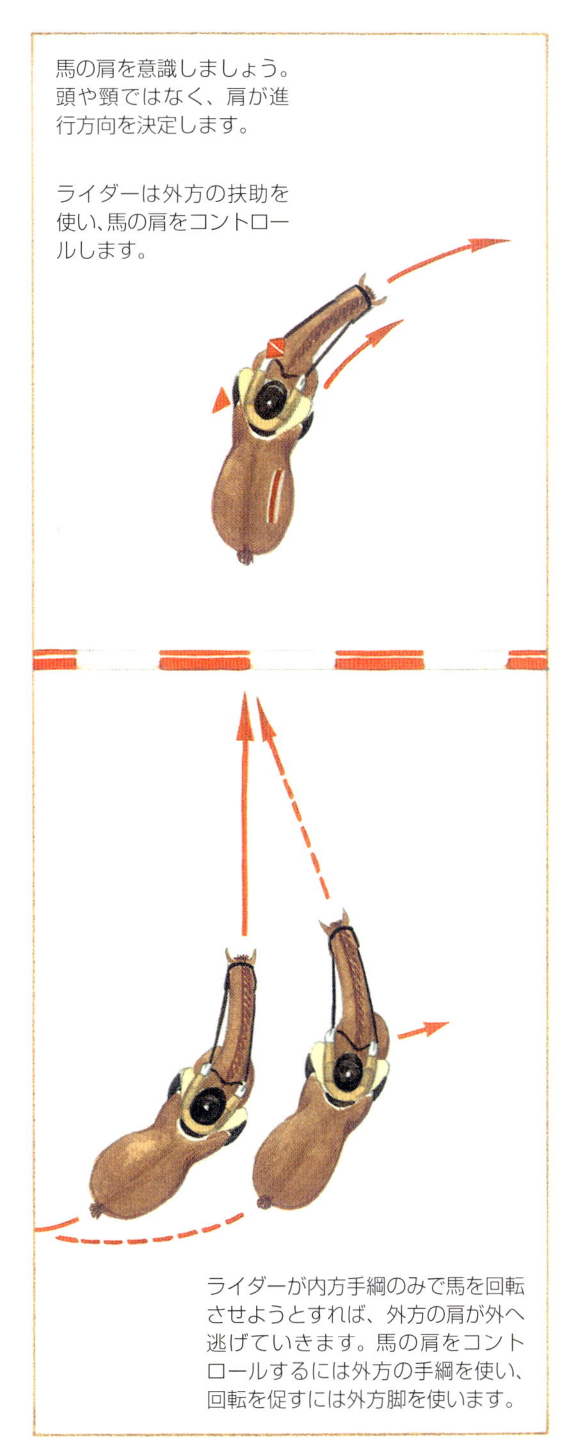

監注：点線のように回転が大きくなる場合、ライダーが内方の手綱を引きすぎている、外方の手綱のコンタクトが不足している、外方脚の扶助の不足が考えられます。

障害前で歩幅を詰めすぎてしまう

障害直前の１歩は歩幅をやや詰め、馬のバネを最大にして飛越することが理想です。しかし、アプローチの途中から歩幅を詰めはじめる馬もいます。これは単純に馬が飛越に非常に慎重になっている場合があり、ライダーは馬がリズムと前進気勢を維持できるよう、より積極的に騎乗しなければなりません。しかし、馬を前に動かそうとするあまり、ライダーの体勢が馬の動きより前に行ってしまうことがあります。これは逆効果で、馬はますます歩幅を詰めてしまいます。ライダーは馬のできるだけ後ろに留まり、馬が障害から後ずさりすることがないようにしなければなりません。

幅の広いオクサーの前で歩幅を狭くする馬は拒止する可能性があります。無理に飛べば奥の障害上に落下してしまうこともあります。そうなれば馬は同様の障害に対し、ますます不安を覚えます。

馬は通常、歩幅を微調整することができ、馬が自在に歩幅を詰められるようにすることがライダーの役割です。馬が必要に応じて歩幅を詰めることができるように、ライダーは中間の歩幅を維持することに集中しなくてはなりません。ライダーが推進しすぎれば、馬は自分の身を守ろうと、ますます歩幅を詰めようとするでしょう。

飛越がスムーズでない場合は、着地後タイミングよく鞭を使うか、あるいは拍車を使うとよいかもしれません。歩幅を詰めるのが癖になり、馬が拒止するまで待ってはいけません。タイミングよく何らかの手を打つべきです。自分の馬がどのような性格でどのように振る舞うかを、あなたは理解しているはずです。タイミングよくアクションを起こして問題を回避しましょう。馬が踏み切るタイミングでの舌鼓は馬を焦らせ、飛越のラインが扁平になってしまいます。着地後に鞭を使うほうが、はるかに効果的です。

障害前で歩幅を詰められない

馬は踏切を合わせるために、リズムやインパルジョンを失うことなく歩幅を詰めなければならないことがあります。うまく歩幅が詰められなければ、障害に近すぎる位置で踏み切らざるを得なくなり、飛越が難しくなります。このような馬は常に早く踏み切るようになります。これは平らで力のない飛越につながり、障害物を落下しやすくなります。踏切が遠すぎるのに歩幅を詰められず、障害に激突してしまう場合もあるでしょう。

インパルジョンを失わず歩幅を詰めるには、馬に後肢の飛節を体の下までしっかり踏み込ませなければなりません。これはフラットワークで適切に下方移行を行う、つまり歩幅を詰めることと同じです。障害飛越で起こるほかの問題同様、ライダーはフラットワークを通して後肢の踏み込みを向上させる努力をしなければなりません。

速歩、駈歩での歩幅の収縮は効果的な運動です。馬は抵抗なく歩幅を詰めることができなければなりません。グリッドワーク（p.50参考書籍１を参照）も飛越に必要な運動能力を向上させるのに役立つでしょう。

ライダーは馬が障害直前の１歩で歩幅を詰められるようにし、障害前の２完歩で推進しすぎないようにします。また、最後の数完歩で自分の頭と肩が馬の前方へ行き過ぎないように注意しなければなりません。

歩幅を詰めてしまう

障害までまだ数完歩あるところで歩幅を詰めはじめ、結果としてインパルジョンを失えば、飛越は難しくなります。

アプローチで歩幅を詰め、インパルジョンを失うということは、馬が後肢の飛節ではなく、前肢を支えにしているということです。

歩幅を詰められない

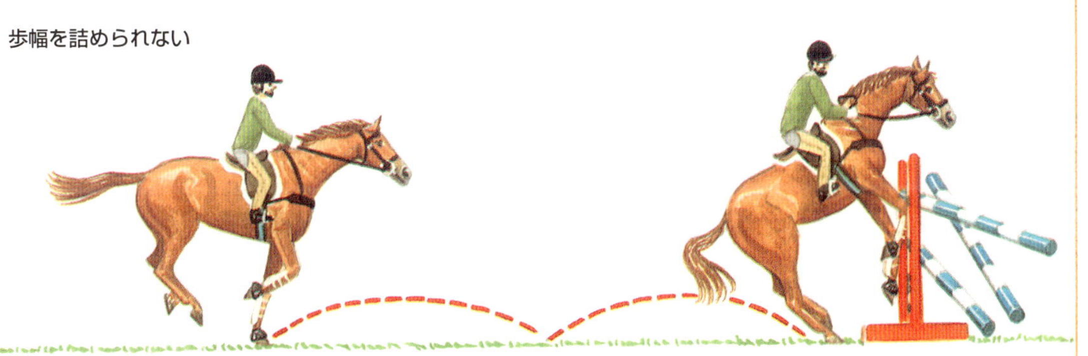

歩幅を詰めることを学んでいない馬は、踏み切りが早すぎる傾向があります。そういう馬は踏み切り前に小さな1歩を入れることができなければいけません。いつか必ずそれが必要になる場面に直面するでしょう。できなければ障害に激突し、馬もライダーも大変怖い思いをすることになります。

矯正方法

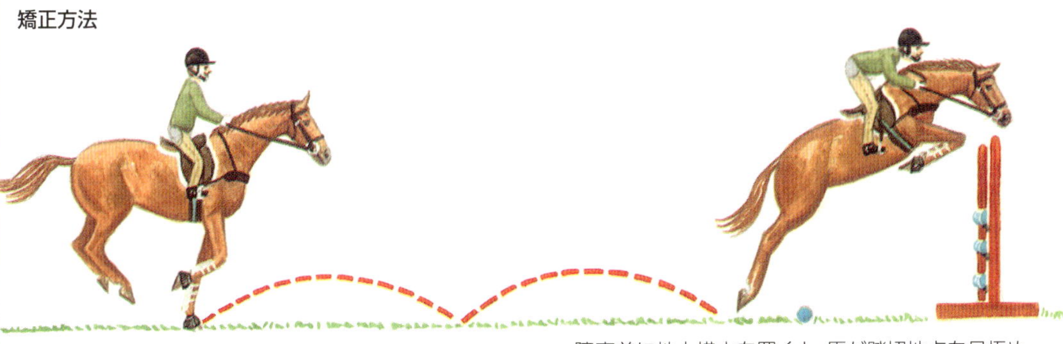

障害前に地上横木を置くと、馬が踏切地点を見極め、歩幅を調整するのに役立ちます。

大きく膨らむ飛越

若い馬や経験の浅い馬は必要以上に高く、膨らんだ飛越をしてしまい、着地地点が遠くなることがあります。わけのわからないものを飛び越す不安から高く飛び上がるのです。経験を積み、馬に自信がつけば、効率のよい飛越ができるようになるでしょう。

大きく飛ぶことで馬は時間とエネルギーを浪費しますし、ライダーも快適ではありません。とはいえ、飛越が大きいことは高さが不足することよりはるかによいといえます。このような飛越をすることは馬にパワーとバネがあることの証明です。ただし、馬は大きく飛びすぎると怖くなってしまうことがあるため、ライダーは馬を怖がらせないよう前進気勢を維持します。馬を前に出すことにより、大きく膨らむ飛越を若干抑えることができるでしょう。ライダーは馬が慎重になりすぎているのか、それとも恐怖から大きく飛んでいるのかを見極める必要があります。臆病な馬はあいまいでためらいがちな飛越をしがちで、簡単に怯えてしまいます。

自分の馬がどちらのタイプなのかを見極めることは難しくありません。飛越を常にためらう馬は、大胆なタイプではないでしょう。このような馬のトレーニングはゆっくり進め、たっぷり時間をかけて自信をつけさせることが重要です。大きく膨らむ飛越ではライダーの騎座の安定とバランスが試されます。経験の浅いライダーが飛越の大きい馬に乗るのは賢明とはいえません。なぜなら、ライダーがバランスを取ろうと手綱にしがみつけば、馬は苦痛を味わうことになるからです。

シカ飛び

これは上記の大きく膨らむ飛越とは異なります。きれいな放物線（弧）を描き、流れるような飛越ではなく、馬は踏み切りが近く前進気勢を失い、真上に上がるような飛越をします（シカ飛び）。シカ飛びは馬にもライダーにも不快なもので、馬は飛越に対する自信を失いかねません。シカ飛びは馬のやる気不足の現れであり、さらに、ライダーの気力も不足しているかもしれません。

障害までのアプローチがリズムとバランスに欠け、踏み切るためのインパルジョンが十分ではないと、馬はシカ飛びをします。リズムとバランスがよければ馬は歩幅を調整し、適切な踏切地点を見つけることができます。必要なときに歩幅が調整できないと、結果的にシカ飛びになる場合があります。また、路面が滑りやすいと踏み切るための歩幅の調整が難しくなるため、やはり飛越に影響する可能性があります。路面状態が悪いときは必ずスタッド（クランポン）を装着しましょう。

飛越中にライダーが手綱にしがみつきバランスを取ると、馬は口を押さえられることを恐れてシカ飛びをすることがあります。これは飛越が膨らむ馬に経験の浅いライダーが騎乗することで起こります（上記の「大きく膨らむ飛越」参照）。この問題の解決には、低い障害を使ったグリッドワークに戻り、馬の自信を取り戻すことが必要です。バランスの取り方と、リズムやインパルジョンを失うことなく歩幅を調整することを教えるため、フラットワークも改善しなければなりません。

飛越時に馬の動きについていけず、取り残されてしまうライダーは、ネックストラップを使って手綱を譲れるよう練習する必要があります。

前肢の飛越テクニックが不十分な馬が、障害にあたらないよう飛越するには、高く飛ぶ必要があります。飛越に必要な前肢のテクニックは、グリッドワークを通して飛越時のバランスをよくすることで改善できます。これにより馬は前肢をうまく折りたためるようになります。

飛越技術に優れ、前膝を折り曲げ、肩をうまく使うことができる馬でも、若馬の場合飛越は大きく、膨らみがちです。

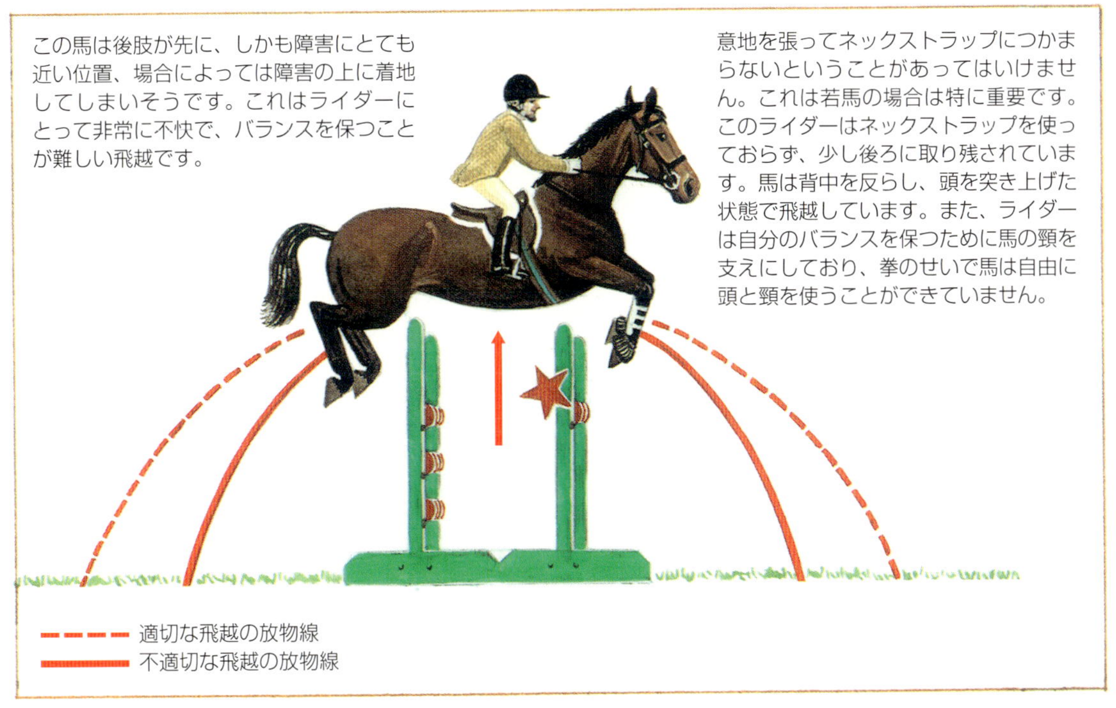

この馬は後肢が先に、しかも障害にとても近い位置、場合によっては障害の上に着地してしまいそうです。これはライダーにとって非常に不快で、バランスを保つことが難しい飛越です。

意地を張ってネックストラップにつかまらないということがあってはいけません。これは若馬の場合は特に重要です。このライダーはネックストラップを使っておらず、少し後ろに取り残されています。馬は背中を反らし、頭を突き上げた状態で飛越しています。また、ライダーは自分のバランスを保つために馬の頸を支えにしており、拳のせいで馬は自由に頭と頸を使うことができていません。

扁平な飛越

飛越の放物線が扁平になれば馬の背中は反って、頭が上がります。これでは正しい放物線を描く飛越ラインになりません。

障害を飛越するとき、馬は背中を丸めます。バスキュール（監注：馬の正しい飛越姿勢）で、飛越の軌跡は左右対称の放物線を描かなければなりません。背中が張り、扁平な飛越をする馬は体がうまく使えず、肢を障害にあてやすくなります。これは適切な調教がされていないことを意味しますが、ケガなどで背中が硬くなっている馬もきれいに飛越することはできません。

常に早すぎる踏切を求められている馬も飛越が平らになります。背中を丸めるバスキュールが不要だからです。このタイプの馬の飛越は頂点が低く平べったい放物線を描き、美しい身のこなしにはなりません。

ライダーは馬の背中を丸めることを念頭に置き、輪乗りや回転、移行など、柔軟性を高める運動を重点的に行わなければなりません（フラットワークについては p.50 参考書籍 2 を参照）。背中に問題を抱えた馬でも、正しいフラットワークを行うことで改善が可能です。ただし、ライダーは馬への思いやりと理解を忘れてはいけません。グリッドワークは体の硬い馬の再調教にとても役立ちます。

クロスバーからオクサーへの基本的なグリッドは、馬に体を使って障害を飛越するよう促します。クロスバーの手前に速歩横木を置けば、馬を障害の正しい踏切地点に誘導できます。クロスバーとオクサーの間に横木を置けば、馬は障害間で確実に 1 完歩入れることができます。そしてオクサーによって馬は前肢を折りたたみ、肩を上げて正しいフォームをつくることを覚えます。ライダーは馬が頭と頸を自由に使えるようにしなければなりません。手綱を通してわずかでも馬の動きを制限すれば、簡単に扁平な飛越になってしまうでしょう。

ペースが速すぎても飛越は扁平になります。ライダーは馬が背中を使って、自然に飛越することを邪魔してはいけません。

歩幅が広く、低い体勢で障害にアプローチする馬は、間違いなく扁平な飛越をします。**リズム**、**バランス**、そして**インパルジョン**を忘れないようにしましょう。スピードはインパルジョンとは異なります。

障害をまっすぐ飛べない

障害をまっすぐ飛べなければ飛越そのものに、さらには次の障害へのアプローチに影響します。次の障害との間が2完歩ほどしかなければ、逃避につながるかもしれません。背中の硬い馬は左右どちらかにふらつくことで遠い地点から踏み切り、扁平な飛越をしようとします。背中に硬さがあるということは、背中を丸めて飛越することがそもそも身体的にできないという可能性もあります。そのため、体の痛みから逃れようとしているのかもしれません。この場合は獣医師に相談する必要があります。

ライダーの体重のかけ方も、馬がまっすぐ飛べるかに関係します。ライダーの体の傾きは着地後の馬の進行方向に影響します。ライダーが常に同じ方向に傾いていれば、バランスを取るために一方に偏って飛ぶ癖が簡単についてしまいます。

障害トレーニング初期の段階から、馬には常に障害の真ん中をまっすぐ飛ぶということを教えましょう。ライダーは常に馬を障害に対してまっすぐ誘導し、着地後もどちらかにふらつくことがないような乗り方をしなければなりません。普段の練習において着地はあまり重要視されませんが、コース走行では次の障害へのアプローチになるため重要です。

馬に前進気勢がなければ、飛越はふらつきやすくなります。ライダーは障害を飛越する前まで終始馬を前に出し、飛越後も馬を前に動かすことを忘れてはいけません。

クロスバーは、馬を障害の中心に向かってまっすぐ進ませるのに有効な障害です。単独で、または障害の手前に設置してもよいでしょう。また、グリッドワークは馬の運動能力を向上させ、背中を丸める正しい飛越姿勢を促します。

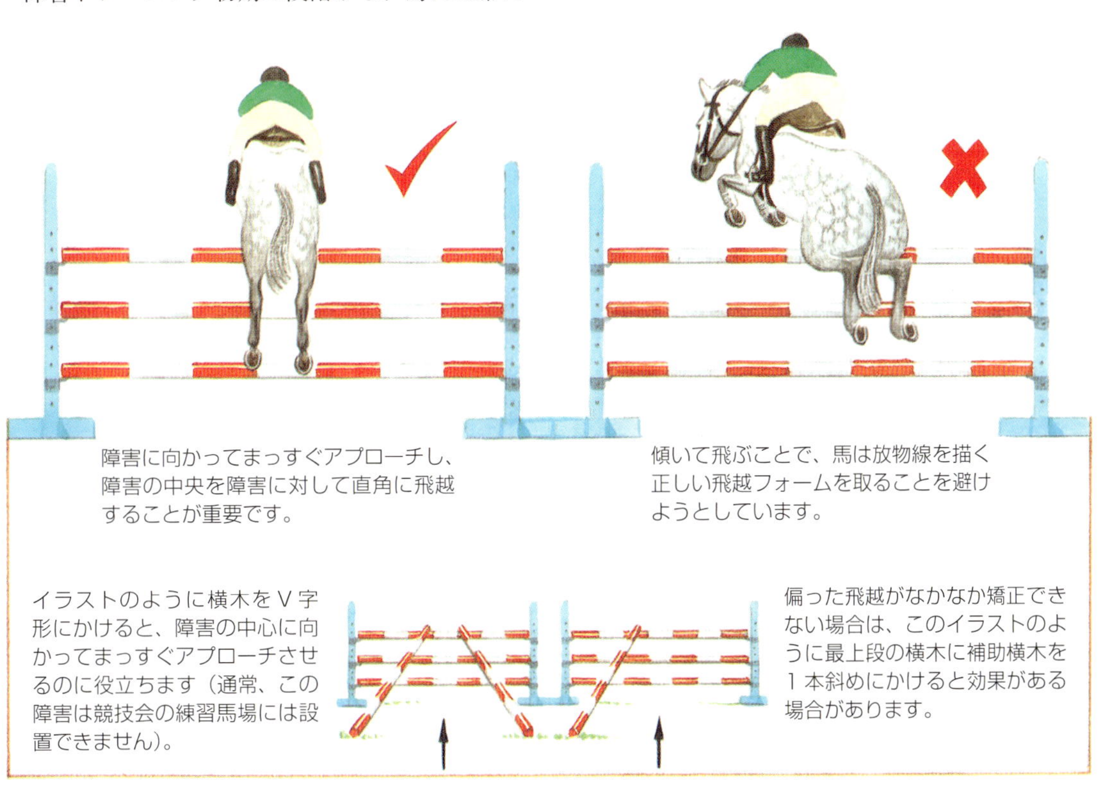

障害に向かってまっすぐアプローチし、障害の中央を障害に対して直角に飛越することが重要です。

傾いて飛ぶことで、馬は放物線を描く正しい飛越フォームを取ることを避けようとしています。

イラストのように横木をV字形にかけると、障害の中心に向かってまっすぐアプローチさせるのに役立ちます（通常、この障害は競技会の練習馬場には設置できません）。

偏った飛越がなかなか矯正できない場合は、このイラストのように最上段の横木に補助横木を1本斜めにかけると効果がある場合があります。

コンビネーション障害で近すぎる着地をする

この問題はコンビネーション障害で馬が障害間を適切に走行できない場合に起こります。歩幅が狭い馬は、ダブル、トリプルのコンビネーション障害において、第2、第3の障害への踏み切り地点が障害から遠くなる可能性があります。

コンビネーション障害間の走行は、最初の障害をどのように飛越するかで決まります。最初の障害で着地が近くなれば、次の障害までの距離は遠くなります。歩幅の大きな馬であれば歩幅を広げて距離を調整できますが、歩幅が狭く、飛越テクニックが優れていない馬が調整のために歩幅を広げようとすると、問題になる場合があります。

馬の生まれ持った身体能力を変えることはできませんが、馬が脚の扶助にすぐに反応し、力強く前進することができれば、この問題を克服することができます。着地が近すぎた場合は、すぐに扶助を送って馬を反応させ、次の障害までの距離を調整します。しかし、馬が脚に対して反応しなければ馬の勢いは変わらず、次の障害までの距離を調整することはできません。

コンビネーション障害と連続障害では馬が前進気勢を維持して障害に向かうことが重要です。しかし、コンビネーション障害が目に入ると、その難しさから無意識のうちに歩幅を詰めてしまう馬はたくさんいます。ライダーはこれに速やかに反応できなければなりません。少しだけペースを上げ、障害を大きく飛越するよう促すことも必要になるでしょう。

コンビネーション障害で歩幅を詰められない

コンビネーション障害や連続障害では、馬は歩幅を正しく詰める必要があり、これができないと問題が起こります。

トレーニングの初期からグリッドワークを取り入れることは重要です。障害間の距離を短くすることは、連続障害の練習になるからです。特に、歩幅の広い馬はフラットワークのなかで歩幅を詰めることを学ぶ必要があります。歩幅を正しく詰めるには飛節を使う必要があります。前肢だけで歩幅を詰めれば、リズムとバランスを失います。

コンビネーション障害を見ると突進し、急いで通過しようとする馬もいますが、これは着地が遠くなる原因になります。馬がこの障害に突進するのは、とても難しい障害に見えるからです。グリッドワークは、馬が障害間が短くても対処できるという自信を持つことに役立ちます。また、より歩幅を詰め、背中を使って障害間を走行することを教えることができます。言葉をかけることも馬を落ち着かせるのに役立つことがあります。障害間で「ホー」と声をかけるようにしましょう。

障害間の走行時は静かに座り、脚は静かに馬体につけ、軽く一定したコンタクトを保ちます。少しでも騎座が不安定になれば馬に影響し、突進しやすい馬なら障害に突進してしまうでしょう。

普段の練習で地上横木や低い障害を飛越することも有益です。ライダーは馬に障害を軽く飛び、踏切前は歩幅を詰めるよう促します。踏切が早すぎると、着地後、次の障害までの距離が長くなるため、踏み切り前に1完歩を入れるよう、馬に教える必要があります。高さ45 cmのダブル障害を駈歩で飛ぶ練習をし、最初の障害はできる限り手前から平常心で飛ぶことを教えましょう。

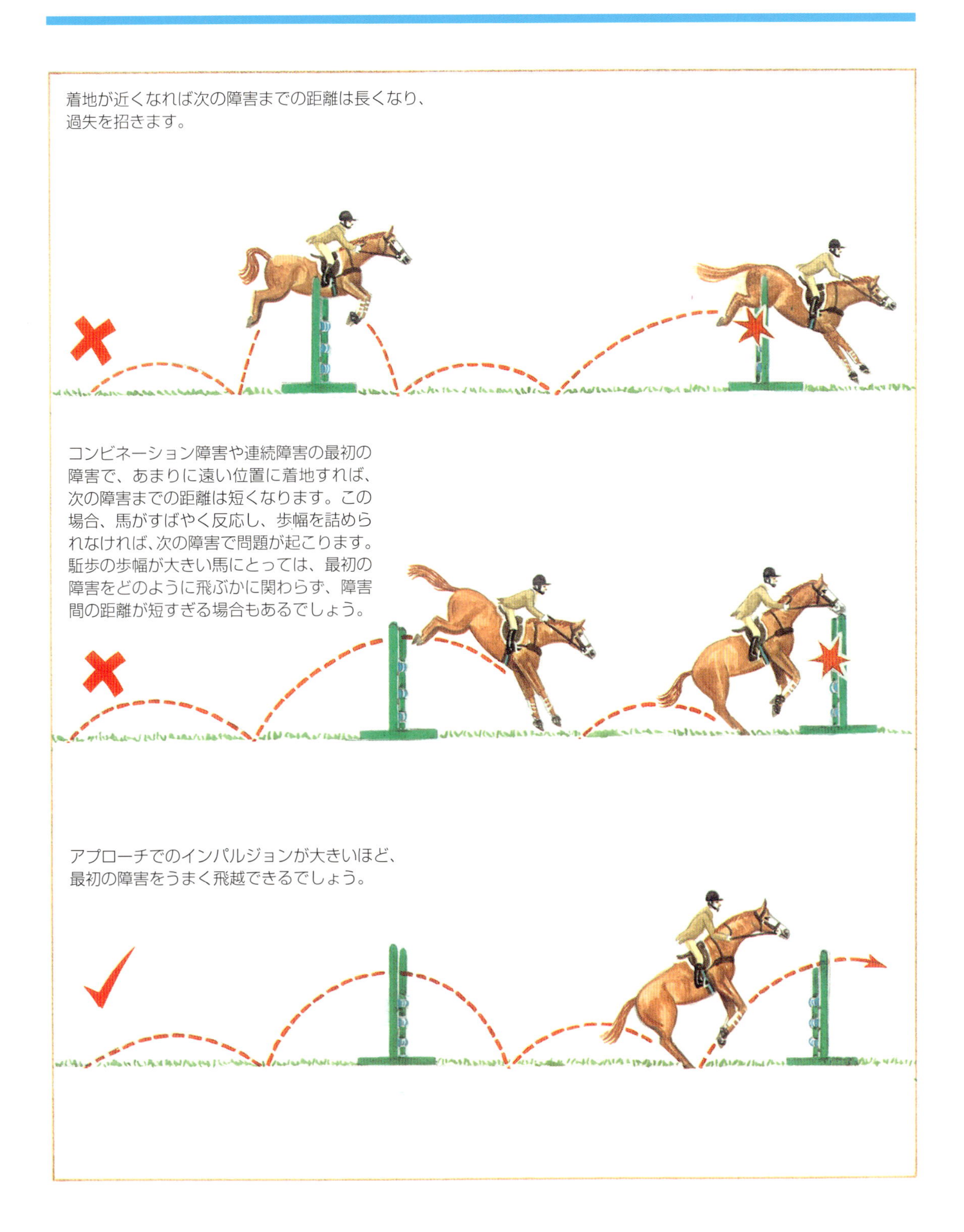

着地が近くなれば次の障害までの距離は長くなり、
過失を招きます。

コンビネーション障害や連続障害の最初の
障害で、あまりに遠い位置に着地すれば、
次の障害までの距離は短くなります。この
場合、馬がすばやく反応し、歩幅を詰めら
れなければ、次の障害で問題が起こります。
駈歩の歩幅が大きい馬にとっては、最初の
障害をどのように飛ぶかに関わらず、障害
間の距離が短すぎる場合もあるでしょう。

アプローチでのインパルジョンが大きいほど、
最初の障害をうまく飛越できるでしょう。

障害から逃避する

逃避は通常、障害への誘導に問題がある場合に起こります。逃避は不従順のひとつであり、拒止と同じように減点されます。とはいえ、拒止ほど完全な拒否ではありません。ちゃんと誘導できれば飛べていたと、馬が示していることもあります。

馬は障害に驚いて逃避する場合があります。また、少々ライダーを軽視していることもあるでしょう。ライダーが楽観的になっていて、馬がそれに便乗しているのかもしれません。

逃避を癖にしてはいけません。一度自分の思い通りになることを覚えると、馬は好きなときにいつでも主導権を握れると思ってしまいます。ライダーは馬が主導権を握ることがないようにしなければなりません。常に障害の中央へまっすぐに向かい、リズムとバランスがよく前進気勢のある助走で馬を障害に誘導します。若馬に対しては、トレーニングによって扶助に確実に反応できるようになるまでは、特に競技会において、障害を斜めに飛ぶよう要求してはいけません。

逃避という悪い癖がついてしまったら、ライダーはすべての障害に対して正しく馬を誘導することに注力し、馬が逃避しそうになったらいつでもすぐに反応できるようになる必要があります。

従順性と規律を教えることの一環として、普段のトレーニングに障害を斜めに飛ぶ練習を取り入れることが大切です。競技会のジャンプオフでいきなり斜めに飛越しようとするライダーがよくみられますが、馬は斜めに飛ぶ準備ができておらず、通常逃避につながります。練習は競技会の場ではなく、日常で行うべきです。

抑えられない／引っ張る

馬にとって障害飛越は楽しく、障害に向かうと気持ちが昂ります。なかには熱中しすぎてコントロールがきかず、抑えるのが大変な馬や、バランスを取るためにライダーの拳に頼り、手綱を引っ張る馬もいます。また、非常に神経質で、飛越の不安と緊張から引っ張る馬もいます。ライダーの不安が馬に伝播していることもあります。

馬が引っ張る場合、まずその原因を理解し、再調教する必要があります。半減却は馬が覚えなければならない重要な扶助のひとつです。ライダーが拳を握り、柔らかく脚を使ったら、馬は飛節を使ってバランスを少し前躯から後躯に移すことができなければなりません。フラットワークで半減却扶助に反応しない馬は、障害飛越中にも反応しません。コース走行では繰り返し半減却を使うため、扶助が馬に伝わることが必要です。

どうしても抑えられない馬は、より強く作用するハミに変えてみましょう。水勒ハミは比較的馬に優しいハミですが、ライダーが馬をコントロールしようと乱暴に使えば、馬に苦痛を与えてしまいます。馬が新しいハミを受け入れれば、ライダーはコンタクトを軽くし、馬を抑えやすくなるでしょう。

よいコンタクトを保てれば、障害飛越ははるかに簡単になります。また、ライダーは馬が障害まで自分を運んでくれる感覚が欲しいのです。しかし、ライダーは拳にエネルギーを溜められなければなりません。エネルギーがあまりに強く、溜めきれなくなったときに強いハミが役立ちます。

日頃のトレーニングで、馬が障害を飛ぶときにも落ち着いていられるよう教えましょう。障害前後で小さい輪乗りや回転を入れると、ここでの目標である真の従順性を教えることができます。

障害へのアプローチラインがまっすぐでなければ、顎を傾け障害から逃避する絶好の機会を馬に与えてしまいます。

通常、馬は障害から逃げようとするときに顎を硬くして頭を突き上げます。ランニング・マルタンガールは馬が頭を上げると作用し、コントロールを保つのに役立ちます。このイラストの馬はマルタンガールをつけておらず、頭を高く上げ、ライダーはコントロールを失っています。

半減却　馬はライダーの扶助に抵抗なく反応できなければなりません。

フラットワークでみられるすべての問題は、障害飛越をはじめるとより大きな形で現れます。障害飛越でコントロールを維持するには、正しいフラットワークが必要です。

障害を飛ぶ自信がない

勇気がある人とそうでない人がいるように、馬の勇敢さにも個体差があります。自信と勇気は密接に関係し、わずかな自信喪失でも馬や人は用心深くなります。一度失った自信を完全に取り戻すことは難しいため、常に自信を失わずにいることがとても重要です。もとから飛越に慎重な馬もいますし、能力以上の障害を飛ばされるなどといった過去の経験から飛越を怖がるようになった馬もいるでしょう。

生まれつき怖がりな馬を勇敢にすることは、神経質なライダーを勇敢にするのと同様に難しいことですが、馬も人も自信を持たせることで、適正なレベルにおけるパフォーマンスをある程度上げることができます。気弱な馬やライダーが不安を覚えるようなレベルの障害で、飛越を期待するのは酷でしょう。自信はゆっくりと身につくもので、神経質な馬やライダーであればなおさらです。

調教は最初から段階的に行う必要があります。常に正しく障害まで誘導し、馬に自信をつけさせます。その時点での馬の能力を超える障害を飛越させてはいけません。調教の進度に合わせ、障害の大きさと複雑さのレベルを上げていきます。

飛越をためらいがちな馬でも、ライダーが自信を持ち、馬にその自信を与えなくてはなりません。自分の不安を馬に感じさせてしまうライダーと、自信のない馬ではうまくいかないでしょう。

臆病な馬は定期的に飛越させることが重要です。小さな障害をほぼ毎日飛ぶことで、怖がる必要がないことを馬に気づかせましょう。飛越の間隔があけば、馬は飛越を躊躇する状態に戻ってしまいますが、小さな障害を定期的に飛んでいれば自信を失うことはありません。

水濠および乾濠障害の問題

すべての競技会で水濠障害や乾濠障害が設置されるわけではありませんが、コースに設置されると問題が続出します。若馬は日頃の障害トレーニングの一環として水や濠を障害のひとつであると受け入れられるように調教することが大切です。小さな濠の上を淡々と飛べるようになるのが早いほど、より大きな濠や水濠、そして水濠障害の飛越を教えることが容易になります。

濠を嫌がる程度は馬によって異なります。臆病な馬では、定期的に濠を飛ばせる必要があります。馬が濠は怖くないことを理解し、落ち着いて受け入れられるようになるまで、必要なら毎日飛ばせるとよいでしょう。

若馬に初めて濠を飛ばせるときは、小さくて形がはっきりとわかり、アプローチと着地がしやすい濠を飛ばせます。可能なら経験のある馬に先導させ、濠までは常歩で連れていき、またぐよう求めましょう。毅然と要求し、うまくできたらしっかり褒めましょう。その後、濠の上を両方向から飛ばせます。最初は先導の馬をつけ、それから単独で飛ばせましょう。それができたら大きな濠、濠の上に横木を設置したものにステップアップしていきます。最初は速歩、それから駈歩でその上を飛越させます。

馬がこの種の障害の飛越に慣れ、素直に飛ぶようになったら、水濠障害を飛越させます。幅を飛ぶため、アプローチでは少しペースを速くします(リズムやバランスを欠いてはいけません)。競技会でパニックを起こさないよう、馬もライダーも練習で水濠障害に慣れておく必要があります。

たった一度の怖い経験で、馬もライダーも簡単に自信を失ってしまいます。

少しずつ自信をつけられるよう小さな障害を定期的に飛びましょう。

よく調教された馬は自信にあふれ、ライダーの要求に応じてどのような障害も素直に飛越します。

竹柵や生垣の上を軽く、また扁平に飛ぶだけでは、水中に着地してしまうでしょう。

水濠障害の練習は、まず水濠の上に段違いオクサーを設置し、その後竹柵や生垣に置き換えて行いましょう。

常に同じ手前で着地する

どちらか一方の手前に偏って着地する傾向は、多くの馬にみられます。これはバランスに関連しています。また、飛越中に空中で体をひねることが原因となっている場合もあります。

コース走行では馬が着地の手前を変えられることが大切です。それができなければ、ライダーは何度も踏歩変換をしなければならなくなり、リズムが崩れ、流れは乱れ、時間も取られます。タイム過失は避けるべき減点で、得点に大きく響きます。ジャンプオフではペースが上がるため、馬が自分で自然にバランスを取り、手前を変えることがあります。

ライダーのバランスは着地の手前を大きく左右します。とはいえ、よくみられるように大げさに体を一方に傾けるのではなく、求める手前と同じ側のあぶみにしっかり体重を乗せるようにしなければなりません。この付加的な負重が馬のバランスに影響し、馬は反射的に行きたい方向に対して正しい手前で着地します。

毎回正しい手前で着地できるようにするためには、クロスバーの前後に横木を置き、回転を加えて飛越する練習が有効です（右図参照）。馬を踏み切りやすい位置に誘導でき、同時に行きたい方向に対して正しい手前での着地を促すことができます。クロスバーは飛越中に馬が体をひねることを防ぎ、馬体をまっすぐに保ちます。これは柔軟性の向上に役立つ運動で、ライダーが内方のあぶみにしっかり体重を乗せることで、馬に正しい手前を選択することを教えることができます。

何らかの身体的な苦痛が原因ではないかと疑われるときは、獣医師に診察を依頼しましょう。

常に同じ手前で着地する馬もいます。ライダーはこれを矯正しようと、上体を傾け過ぎないよう注意しなければなりません。馬がバランスを崩すことになるからです。

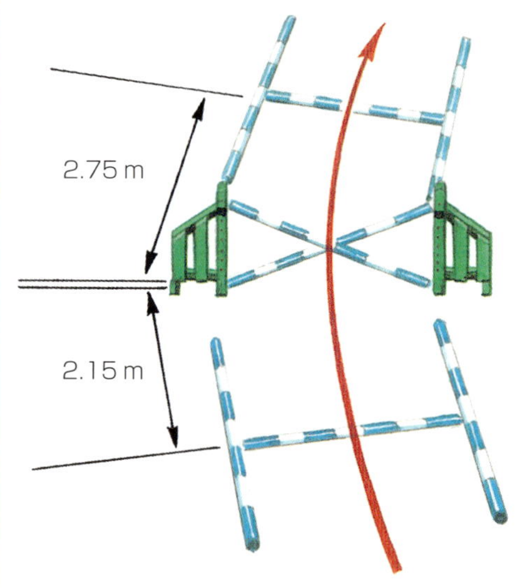

どちらの手前でも着地できるようにするための練習

走行タイムが遅い

障害馬術競技の多くは走行タイムで勝敗が決まります。最もよいのは減点のない満点走行ですが、入賞するためには、できるだけ速くジャンプオフのコースを走行しなければならない場合がほとんどです。若く経験の浅い馬にタイムレースで襲歩をさせてはいけませんが、リズム、バランス、そしてインパルジョンを維持できれば、障害飛越前後の回転を少しきつくし、タイムを縮めることができます。

どんな馬にも、ある程度のタイムを出す能力があります。タイムの遅さは調教と練習不足によるものです。襲歩で走行する必要はありません。鋭角な回転で歩数を減らすことは、タイムを縮めるうえでスピードを上げることと同じぐらい効果的です。

回転ではコントロールと馬の従順性が要求されますが、これは普段の正しいトレーニングで養いましょう。従順な馬はライダーの要求に素直に反応します。反応するためにはバランスがよくなければなりませんが、これは、柔軟性を養い、正しく筋肉を発達させ、バランスを向上させる適切なフラットワークから生まれるものです。

日々のトレーニングでは、障害飛越後の回転と障害に向かう鋭い回転の両方を練習することが大切です。角度をつけて斜めに障害を飛ぶ練習や、調教段階に合わせてできるだけ鋭く回転しながら障害を続けて飛ぶ練習も必要です。少しでも抵抗があれば飛越に影響し、過失の原因となるばかりか、コース走行の流れを乱し、タイムを落とすことになります。

地上横木と小さな障害で飛越と回転の練習をしましょう。こうした練習で馬がバランスを維持できれば、より大きな障害の飛越や回転も容易になるでしょう。

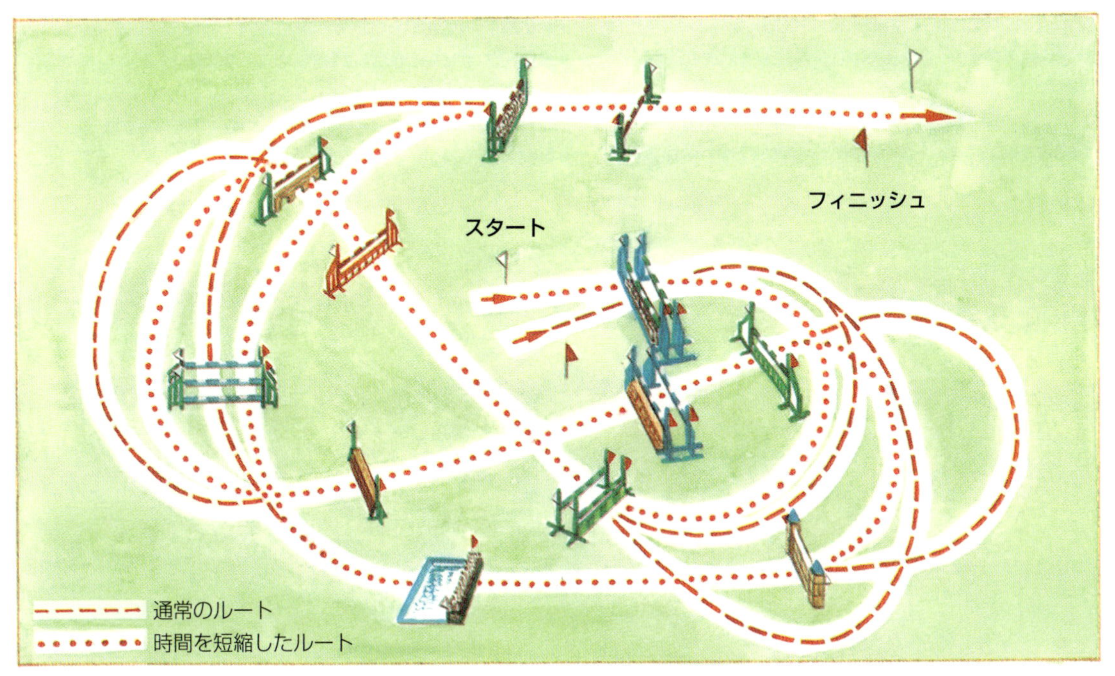

1回目の走行を減点なしで回れたら、ジャンプオフのコースを早く確認し、できるだけ時間をかけてルートを検討しましょう。どこをどのように走行するかを明確にし、それぞれの障害をどのように飛越するかを決めましょう。飛越後に鋭角な回転が必要な場合、賭けに出てはいけません。飛越が軽ければそれだけ速く回転できます。

最後に

馬場馬術、すなわちフラットワークと障害馬術は密接に関係しています。フラットワークが適切であるほど飛越に優れ、騎乗しやすい馬になります。従順で調教が行き届き、乗るのも障害を飛ぶのも楽しい馬にするには、膨大な時間が必要です。何年もかかるでしょう。なかには障害飛越の適性があり、ほかの馬より調教しやすい馬もいます。しかし、私たちがみなそのような才能のある馬を持てるわけではありません。同じ結果を得るために、理解も忍耐も必要な馬と一緒に頑張ることができなければなりません。それは挑戦ですが、問題を克服し、成功に導く喜びは、そこに至るまでの困難をはるかに上回ります。

障害馬術では馬もライダーも練習が必要です。グリッドワーク・運動・さまざまな種類の障害を異なるペースで、斜めに、回転を加えて飛越する練習などは、すべて日頃のトレーニングに組み込まなければなりません。複数の障害を組み合わせて飛越するよう心がけ、ひとつの障害を飛越してすぐにだらだらと速歩に落ちることや、テンポの悪い駈歩になることがないようにしましょう。毎回必ず質の高い下方移行で練習を終えるようにし、馬の好きなようにさせてはいけません。

あらゆる機会を利用して、プロのライダーの騎乗を研究しましょう。多くのことを学べるはずです。世界最高峰の障害馬術は一種の芸術です。トップライダーの技術と正確さは目を見張るものです。目指すのはそのレベルではないかもしれませんが、そこまで行かなくともコースをうまく回れれば達成感があるでしょう。世界最高峰を目指すより楽しいかもしれません。

競技会で、練習のときほどうまくいかなくても落ち込まないようにしましょう。競技会の雰囲気は普段とは違いますし、ほんの少しの緊張感が人にも馬にも影響します。できるだけたくさんの競技会に参加して経験を積みましょう。やがて競技会での緊張感がプラスに働き、日頃の練習以上の飛越ができるようになるでしょう！

■参考書籍

1 Jane Wallace，Jane Holderness-Roddam. 障害飛越の基礎.『馬のハンドブック　イラストガイドで馬に乗ろう！（楠瀬 良 監訳）』. 源草社. 東京. 2001. pp29-50.

2 Jane Wallace，Jane Holderness-Roddam. 馬場馬術の基礎.『馬のハンドブック　イラストガイドで馬に乗ろう！（楠瀬 良 監訳）』. 源草社. 東京. 2001. pp7-28.

第3章

問題行動とその対処

Riding The Problem Horse

はじめに

ライダーなら誰しも言うことをよくきく行儀のよい馬に騎乗したいと思うでしょう。しかし、往々にして多くのライダーは騎乗中に馬の問題行動への対処を迫られます。問題行動とは、両後肢を蹴り上げる（尻跳ね）、立ち上がる、引っ張る、何かに驚く、突然走り出すなどさまざまなものがあります。馬がなぜこのような行動をするのかということは、簡単に理解できるものではありません。しかし、その根本的な原因について考えることは、人と馬の両方にとってプラスとなる長期的解決法を見つける手がかりになります。

馬は大きくてたくましく、速く走ることができます。つまり、騎乗中に馬が問題行動を起こすと、ライダーにとって危険な場合もあるのです。そのため、自分で解決することが難しそうな馬の問題行動は、優れた専門家に相談することが大切です。

馬が問題行動をみせると、私たちは「やんちゃをしている」とか「ごねている」と思いがちです。しかし、馬は常々、私たちを喜ばせ、安心して暮らしたいと思っているものです。騎乗中に馬がいわゆる「問題行動」と呼ばれる振る舞いをみせるのは、通常、恐怖や不快感、痛みが原因となっています。馬は並外れた記憶力を持つため、多くの問題行動は過去の不快な記憶が引き金になって起こっており、根本的な原因が取り除かれたあとでもみられることがあります。日常的な出来事が引き金になると、結果として起こる「悪い」行動は習慣化してしまうでしょう。

問題行動をみせる馬は、人に何かを伝えようとしています。たいていは「悪さ」をする前に小さな警告をいくつか発しているのですが、人が気づかないため、なんとか伝えようと「声」を大きくするのです。優れたライダーは常に馬へ注意を向け、問題行動のあらゆるサインを見逃さず、問題が起こる前に対処しようとします。彼らは問題行動の発現を回避することは、騎乗中に問題行動や悪癖への対処を迫られるよりもはるかによいということを知っているのです。

重要

馬やポニーがこの章にある問題行動のいずれかをみせる場合、まずは信頼できる専門家や獣医師などに鞍や腹帯、頭絡、歯、背中に異常がないかを確認してもらうことが重要です。ほかの原因や対処法を考えるのは、そのあとにしましょう。

同様に、騎乗中に馬やポニーが深刻な問題行動や悪癖をみせる場合は、熟練した専門家に相談することが望ましいでしょう。

騎乗（上馬）を嫌がる

人が乱暴に乗る、鞍が合わない、オーバーワーク、背中が弱いなどによって、馬が背中に痛みを感じていると、騎乗を嫌がり、乗ることが困難になる場合があります。過去にライダーの足が肋骨に突き当てられたり、ライダーにドスンと勢いよく座られたことがある馬も、ライダーを騎乗させることを嫌がるようになるでしょう。

適切な調教がなされていない馬や、何を求められているのかを教えられていない馬でも、騎乗が難しくなることがあります。

人を乗せるときに静かに立っていられない馬は落ち着いていないこともあり、この「落ち着きのなさ」が騎乗後に影響することがあります。その場合、馬は過剰に前へ行きたがり、速く動きすぎたり、ライダーの扶助などへ過敏に反応してしまうことがあります。

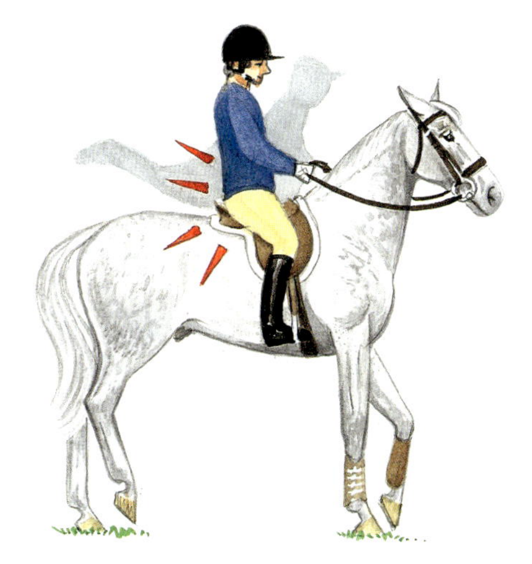

急いで乗ろうとしたり、馬の背中に勢いよく座ったりしてはいけません。

対処法

できるだけ踏み台を使って騎乗しましょう。踏み台を使うことで、鞍の片側へ過剰に負荷がかかる（鞍が滑る原因となる）ことを防げます。途中で馬が動き出した場合に、急いで乗ろうと苦労することもないでしょう。

人を乗せることを馬に教えるときは、ホルター（無口頭絡）に長いロープ（3.6〜4.2 m）をつけておくと役に立ちます。馬が騎乗しようとするときに動いてしまった場合に、ライダーは踏み台に留まり、戻るよう求めるのも簡単です。

静かに立っていられるようになるまで、同じ場所に何度でも馬を戻しましょう。長いロープ（3.6 m）をホルターにつけておくと便利です。

人が背中に乗ることは嫌なことではないということを馬に教えるときは、十分に時間をかけましょう。急いで鞍に飛び乗るライダーや、イライラしてしまうライダーはたくさんいますが、ライダーが乗ろうとしているときに行儀よく立っていられない馬は、ライダーを受け入れているとはいえません。

騎乗時に馬が動いてしまったら、乗ろうとした場所に静かに馬を戻し、はじめからやりなおしましょう。これを必要なだけ繰り返します。その間ライダーが完全に落ち着いていれば、通常はそれだけで人が乗ることを嫌がらなくなります。

後肢を蹴り上げる（尻跳ねする）

典型的なロデオのバッキング

後肢を高く蹴り上げる（尻跳ねする）馬は乗りにくく、愉快なものではありません。尻跳ねは、馬が遊びで後躯を持ち上げ後肢で蹴る場合から、典型的なロデオのバッキングまであり、ロデオのバッキングでは馬は前進を止め、頭を低くして前肢の間に入れ、背中を丸めて上に飛び跳ねます。筋金入りの跳ね馬は、非常に優秀なライダーでなければ乗りこなせないでしょう。

尻跳ねする原因はさまざまです。元気いっぱいの馬が「生きる喜び」を表現していることもあります。しかし、たいていは馬の体が硬い、あるいは体に痛みがあるというサインです。

興奮のしすぎから後肢を蹴り上げる場合は、飼料と運動量に見直しが必要かもしれません。ときどき馬場に出る以外は厩舎で過ごしている馬が、高エネルギーの穀物を与えられ、外乗などの十分な運動を行っていない場合、過剰に興奮して尻跳ねすることがあります。

跳ねることによって、後躯を動かすことができないと馬が訴えている場合もよくあります。馬の状態を専門家に確認してもらいましょう。

若馬

若馬が何かに怯えたり、違和感を感じたり、混乱したり、馬自身のバランスが取れなくなったりすると跳ねることがあります。一つひとつのトレーニングをしっかり受け入れられるよう、若馬の調教にはたっぷりと時間をかけ、忍耐強く、ゆっくり行う必要があります。後退や外乗、駈歩など、若馬を急かして何かをさせようとすると、尻跳ねすることがあります。

跳ねたことで若馬に罰を与えれば馬は動揺し、さらなる問題を起こすことになります。罰を与えるのではなくトレーニングのペースを落とし、馬がリラックスした状態で、安心してできることだけをさせるようにしましょう。

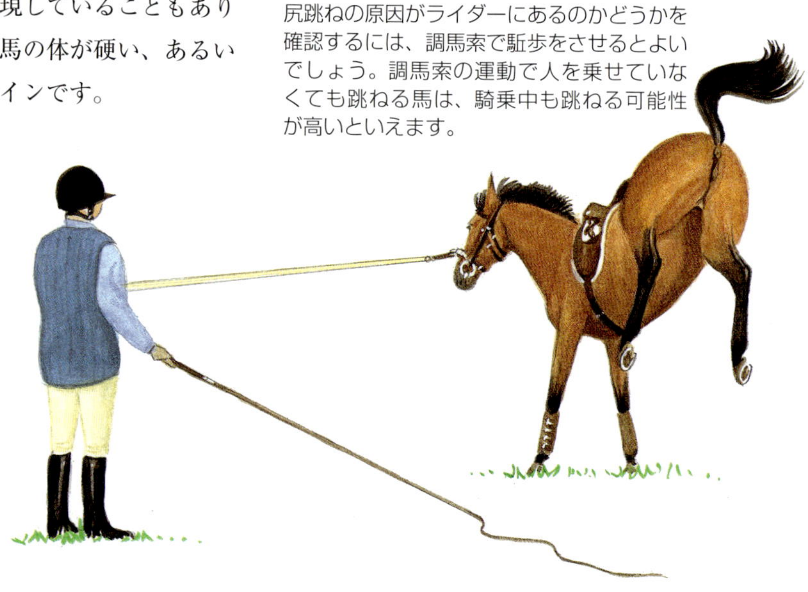
尻跳ねの原因がライダーにあるのかどうかを確認するには、調馬索で駈歩をさせるとよいでしょう。調馬索の運動で人を乗せていなくても跳ねる馬は、騎乗中も跳ねる可能性が高いといえます。

下を見たり前に傾いたりしてはいけません。

前を見たまま手綱で馬の頭を持ち上げ、馬を元気よく前に動かしましょう。

騎乗のヒント

臆病で神経質な馬はライダーの乗り方が原因で跳ねる場合があります。脚できつく馬体を抱え込むと、肋骨に違和感を覚える馬もいます。ライダーの体のバランスが悪いために動揺し、尻跳ねする馬もいます。ライダーが手綱をきつく握りしめたり脚で馬体を強く押したりすれば、前進ではなく尻跳ねを促してしまうこともあるでしょう。

ほかの馬と一緒に駈歩をしているときや広い場所で駈歩をするときに跳ねる傾向がある馬は、まず囲いのある静かな馬場で、跳ねずに駈歩をすることに慣れさせましょう。もう1頭ほかの馬がいてもよいかもしれません。その後、徐々に広いスペースに移動し、一緒に駈歩ができるようにします。ほかの馬があなたの馬と競争したり、あなたの馬を追い越すことがないように注意しましょう。

なかには駈歩を求められたときに限って尻跳ねをする馬もいますが、これは体の硬さ、緊張、あるいは過剰な興奮が原因となっている可能性があります。この場合はペースを落とし、馬が落ち着いて十分なウォーミングアップができてから駈歩をするようにします。

対処法

尻跳ねするとき、馬はペースを落として頭を低くし、背中を丸めます。そのため、注意深いライダーは、一方あるいは両方の手綱を機敏に上げることで馬の頭を上げさせ、脚を使って元気よく馬を前進させます。

馬が尻跳ねをするときに尻を鞭でたたけば、もっと跳ねるかもしれません。しかし鞭を肩にあてれば、跳ねている馬の前駆を起こすのに役立つ場合があります。

ライダーは下ではなく前を見ます。下を見るとバランスを保つのが難しくなりますが、前を見ていれば馬が跳ねてもコントロールを失わず騎乗していられます。

立ち上がる

これは馬が両前肢を挙げ、後肢で文字通り立ち上がることをいいます。常習的に立ち上がる馬は危険で、経験豊富な専門家による対処が必要です。高く立ち上がりすぎるとバランスが後ろに傾き、背中からライダーの上に倒れ落ちる可能性があります。

馬が立ち上がってしまったら前かがみに座り、手綱のコンタクトを緩めて馬を後ろに引っ張らないようにしましょう。

馬の頭を一方に曲げると、馬は立ち上がるのが難しくなります。

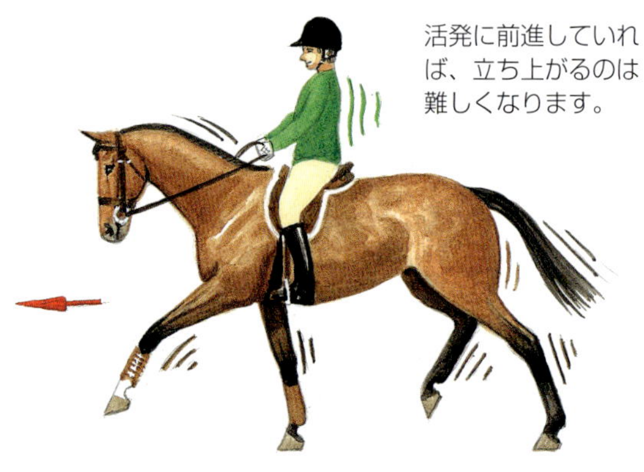

活発に前進していれば、立ち上がるのは難しくなります。

立ち上がる原因

騎乗中に馬が立ち上がる理由はさまざまです。なかには口が非常に敏感で、ハミの感触が怖くて立ち上がる馬もいます。これは過去に拳の使い方が荒いライダーに乗られたことや、強すぎるハミをつけられたことが原因になっている可能性があります。

また、1頭だけで外へ出ることや外乗に不安を感じている馬が反抗的になり、前に行くのを拒否して最後に立ち上がるということもあります。

推進力にあふれ、前進意欲のある馬が強い拳で抑えられると、立ち上がってしまうこともあるでしょう。ほかの馬が自分を置いて遠くに走り去るのが見えればなおさらです。

対処法

この問題は馬が立ち上がってしまう**前に**対処するのが最善です。馬は通常、立ち上がる前に小さなサインを発します。これらのサインには立ち止まってどうしても前に行こうとしない、前肢が軽くなる、あるいは方向転換して戻ろうとするなどがあります。

馬が立ち上がるときには、立ち止まり、頭をまっすぐ前に持ってきます。ライダーが馬を積極的に前に動かし続ければ、馬は止まれず、立ち上がることは難しくなるでしょう。もしくは**一方の手綱で**馬の頭をあぶみの方に回転させ、立ち上がろうとする馬の力を妨げることもできるでしょう。

馬が一度立ち上がってしまったら、ライダーはどうすることもできません。前傾してなんとか馬と自分のバランスを保たなければなりません。バランスが保てなければ馬は後ろか横に倒れる可能性があります。立ち上がっている間は両腕を前に出して馬の頸のあたりに置き、前肢が地面に戻るまで手綱を緩めておきます。

何かに驚く

馬が何かに驚いたり動揺したりするのは生き残るための自然な反応です。馬は被食動物であり、潜在的な危険を警戒するのは本能的なもので、それゆえ驚き、飛びのくのです。

騎乗のヒント

驚きやすい馬に騎乗しているとき、あるいは馬が怖がりそうなもののそばを通り過ぎるときはライダーは前を向き、静かに馬を前進させましょう。馬の動揺にとらわれて馬が驚いている対象を見てはいけません。

馬が「怖い」と感じそうなものに近づくときは、馬の頭を対象からわずかに背けます。これは馬に「怖いもの」を見せないようにするためではなく、ライダーの扶助に注意を向け、指示に集中するよう求めるためです。

馬が驚いたときにライダーが緊張したり、脚や拳で強く馬にしがみついたりすると、ライダーも怖がっている、つまり自分（馬）の恐怖は正当なものだと馬は考えてしまいます。そのため、驚きやすい馬に騎乗するときは姿勢正しく、できるだけリラックスするよう心がけましょう。

驚いて飛びのいたことに対してしかってはいけません。鞭を入れて追い立てたり、拳を強く動かしたり、脚で強く蹴ったりしてはいけません。こうした罰はますます馬を怯えさせ、驚きの対象を罰、すなわち苦痛と結びつけるようになります。

驚きの対象を通過したあと、馬を愛撫することも問題です。馬が驚いたことでほめられたと勘違いする可能性があるからです。

驚きやすい馬には高エネルギーの穀物などを与えすぎないように注意しましょう。また、外の世界が見知らぬ怖いところではなくなるように、たびたび外乗に連れ出して、馬が喜んで外に出かけられるようにしましょう。

脱感作

車の往来やビニール袋、水、自転車などといった馬が驚いたり怯えたりしそうな状況やものに、徐々に慣らしていくこと（脱感作）は可能です。脱感作は馬場のなかなどの安全な環境ではじめましょう。

まずは馬が怖がるものをほんの少しだけ見せます。たとえばごみ袋なら、くしゃくしゃ丸めて小さくしたものを見せるか、遠くから見せるようにし、馬を怖がらせないようにします。

慣れてきたら徐々に見える部分を大きくしましょう。馬が安心できる状態を維持するため、時間をかけて少しずつ大きくしていきます。もし馬が恐がったら、もう一度対象物を小さくするか、あるいは距離を離してやり直しましょう。「advance and retreat」と呼ばれるこの手法は馬のライダーへの信頼を高め、さまざまな状況であまり驚かない馬にするのに効果があります（『イラストでわかるホースコミュニケーション』〔緑書房〕「第3章 安全な騎乗のために」を参照）。

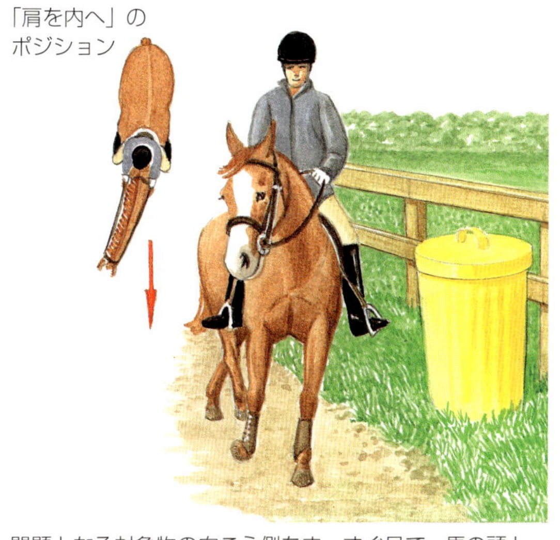

問題となる対象物の向こう側をまっすぐ見て、馬の頭と体を少しだけ対象から背けるようにするか、「肩を内へ」のポジションを取らせて、常歩で通過しましょう。

突然走り出す／暴走する

馬は怖がりな動物であり、恐怖の対象や危険に直面したときに、本能的に走って逃げようとします。もちろん、暴走した馬も最終的には止まりますが、多くの場合馬が止まるまで待つのは危険です。通常、暴走した馬を走らせることができる広いスペースはなく、道路や壁、生垣などの危険な障害物にぶつかってしまうからです。

過剰な興奮やトレーニング不足によって突然走り出し、止まれなくなることもあります。この走り出しは暴走と同じようにみえますが、暴走よりは制御しやすいものです。とはいえ、興奮やトレーニング不足で走り出した馬がパニックを起こし、暴走してしまうこともあるので、適切に対処しましょう。

対処法

走り出す前に気づき、止めることが一番よい対処法です。優れたライダーは、馬がその時々に感じていることに敏感です。馬が発しているメッセージを認識し、さまざまな状況でどのように反応するか知っているのです。また、馬がまだコントロール可能なうちに、できれば暴走の最初の一歩がはじまる前にアクションを起こし、馬の勢いが強くならないように、または速くなりすぎないように、タイミングよく、焦らず素早く反応します。このようなライダーは自分が求めるペースよりもほんの少しでも馬が速くなったと感じたら、あるいは馬が注意力散漫になり、何かに不安を覚えはじめていると感じたら、すぐに反応し、落ち着くまで一方の手綱で半減却扶助を繰り返すか、あるいは小さく輪乗りをすることで馬をコントロールします。

後ろに傾いて両手綱を引けば、馬はもっと速く走ります。

上体をまっすぐ起こしバランスのよい姿勢を保ちましょう。馬が頭を低くして前に引っ張ったら、片手で馬の頭を持ち上げます。

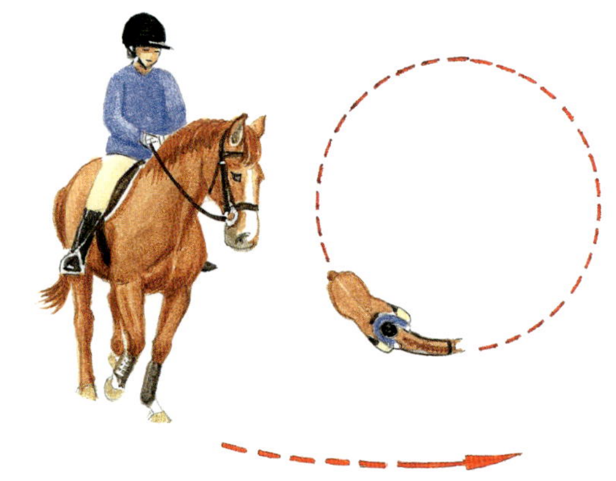
馬にスピードを落とさせるため、できるだけ速やかに小さな輪乗りに入りましょう。

騎乗のヒント

馬が突然走り出す、または暴走してしまったら、ライダーは上体をまっすぐ起こし、前を見てしっかり鞍に座り、脚を**軽く**馬体につけておきます。最も効果的な対処法は、片方の手綱で馬の頭を腰の方に向けるか、必要なら小さな輪乗りをすることです。いずれも前方に噴き出す馬のエネルギーを削ぎ、馬が走り続けられないようにするための対処です。

馬が頭を大きく下げ、走りながらライダーを下の方に引っ張ったら、ライダーは片手を前に出し、はっきりした上向きの手綱づかいの半減却扶助で馬の頭を上げ、同時に回転をはじめます。

重要なことは馬が走り出す状況にならないようにすることです。馬とライダーとの信頼関係を高めるための最もよい方法は、馬が走り出しそうな状況になっても走り出さないよう段階を踏んで徐々にトレーニングをすることです。

馬が走り出したときに最もよくみられる間違いは、両手綱を同時に強く引いてしまうことです。これは、馬に対してライダーに抵抗するよう力を使うことを促し、馬はさらに勢いよく走ります。実際、競馬の騎手は両手綱を同時に前後に動かすことでさらに速く走るよう競走馬を促します。両手綱を強く引くと馬が走るのには、もうひとつ理由があります。馬は頭のなかで、ハミやライダーの拳が引き起こす痛みや苦痛から必死で逃げようとしている場合もあるのです。

競馬の騎手はハミへのコンタクトを強めることでさらに速く走るよう馬に促します。

求めてもいないのに馬が勝手にスピードを上げたら、速やかにもとのスピードに戻しましょう。

膠着する

膠着（または反抗）とは、馬が前に進むのを拒み、脚に根が生えたかのようにその場から動かなくなり、厩舎に戻りたがったり、後肢を蹴り上げたり、場合によっては立ち上がったりすることをいいます。これはよくみられる問題です。馬は群れで生きる動物であり、1頭だけで外に出ていくことは本能に反するためです。野生の世界では馬が単独でいれば捕食動物に狙われてしまいます。

注意深いライダーは、馬が厩舎に向かって進むとき、厩舎から出るときより歩みが速くなるなど、小さなことで膠着に気づきます。

強固な性格のライダーであれば膠着を許さず、そのまま進ませるかもしれません。しかしライダーがあまりに強引で思いやりのない態度に出れば、馬はますます膠着するようになり、膠着癖のある馬になってしまう可能性もあるでしょう。神経質なライダーも馬を不安にさせ、膠着を引き起こすことがあります。

厩舎を離れたくない馬の典型的な例です。

外乗の際は可能な限り環状のルートを選び、来た道を引き返すことは避けましょう。

騎乗のヒント

膠着する馬の矯正または膠着癖の予防に最も重要な要素は、馬がライダーを信頼するように日頃から接すること、そしてライダーの前進扶助に対し馬が従順であるようトレーニングをすることです。

膠着を癖にしないよう、外乗のときは常に環状のルートを選び、来たときと同じ道を引き返して帰ることは避けましょう。また、厩舎から離れるときには速めの歩様（前進気勢のある速歩と駈歩）にし、厩舎に向かうときは遅めの歩様（常歩と遅めの速歩）にしましょう。

対処法

曳き馬に問題がない馬の場合はそっと馬から降り、しばらく曳き馬をしましょう。自分の横を一緒に歩いてくれる存在は、馬に安心感を与えます。

膠着する馬は、たいてい周囲に馬がいない状態で騎乗すると膠着し、仲間が一緒のときには問題はみられません。若馬は特にそうですが、これはきわめて自然なことです。信頼できるほかの馬と

馬が完全に止まってしまったら、前進するまで待ちましょう。

一緒に外乗に連れ出して、馬に自信を持たせましょう。また、交替で先頭を歩かせ、特に厩舎から**離れる方向に**進んでいるときに、前に馬がいなくても歩けるよう、十分な自信をつけさせます。

馬が完全に止まってしまったら、脚を使って馬を動かすのではなく、座ってじっと待ちましょう。そして、静かにその場に立つのか前進するのかを馬に決定させます。ただし、前進はライダーが求める方向のみです。落ち着いて行きたい方向に馬の顔を向け、時々**静かな**脚の合図で前進を求めましょう。この方法は馬の不安をあおることもその場の負のエネルギーを高めることもなく、またライダーへの馬の信頼を徐々に高めてくれます。ただし、ライダーはかなりの忍耐力が必要かもしれません。馬に乗ったまま同じ場所で、ときには**何時間でも待つ覚悟**が必要です。

馬がぐるりと厩舎の方を向いてしまう、あるいはその場で肢を踏ん張って動こうとしない場合は、緩い開き手綱でごく小さな輪乗りをしましょう。小さな輪乗りを続け、馬を厩舎に行かせないことはとても簡単な対処法です。やがて馬は自分がどこにも行けないことに気づくでしょう。そのタイミングで、ライダーは馬に前進するチャンスを与えます。ただし、ライダーが進みたい方向のみ前進を許可します。馬がまた膠着しそうになったら、ライダーは落ち着いてさらに何周か小さな輪乗りをし、それからもう一度前進するチャンスを与えましょう。重要なのは、ライダーがリラックスし、前進の脚の合図は極力静かに、できる限り緩い手綱で輪乗りを求め、かつその間コントロールを失わないでいることです。

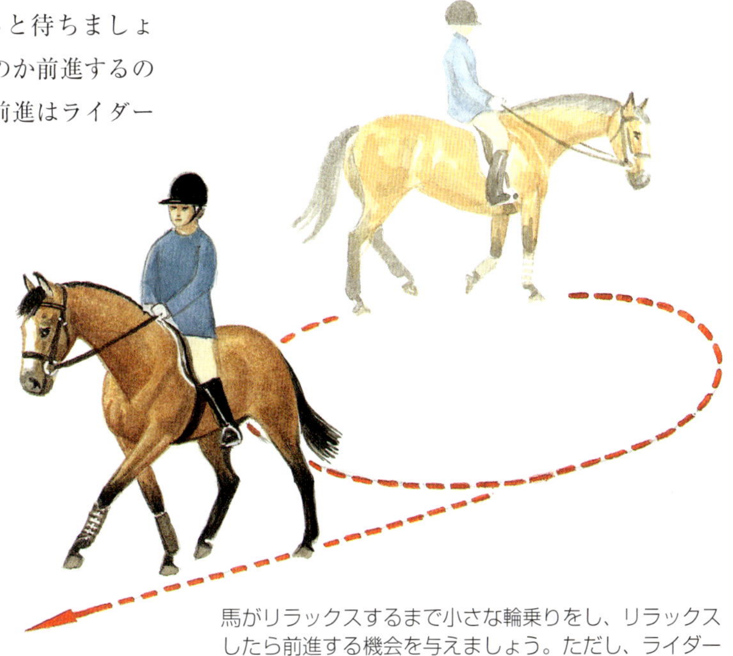

馬がリラックスするまで小さな輪乗りをし、リラックスしたら前進する機会を与えましょう。ただし、ライダーが進みたい方向以外へ前進させてはいけません。

頭（鼻）を突き上げる

馬が頭（鼻）を上に突き上げるのは、動くことを避け、ハミのコントロールから逃れるためです。背中を張るため、馬自身も不快な思いをしているのかもしれません。

馬が頭を突き上げる原因を注意深く探ることは重要です。歯や背中の痛みなど身体的な問題や、ハミが目的や馬の状態に合っていない、ライダーの姿勢に問題がある、ライダーの馬の扱いが雑で乱暴である、鞍があたって痛みがある、全般的なトレーニング不足が影響しているなどといった原因によるものかもしれません。なかには体型的な原因によってほかの馬よりも頭を上げやすい馬もいます。

騎乗のヒント

頭を突き上げる馬は乗り方に細心の注意が必要です。また、長い時間をかけて（短くても6ヶ月）再調教し、頭を突き上げずに自分の体重を運ぶことを覚えさせます。馬が頭を上げたら、ライダーは体と騎座、背中、拳を柔らかくします。ライダーがドスンと鞍に座ることで馬が不快になれば、馬は背中を張り、結果として頭が上がります。

対処法

頭を上げる馬に対しては、両方の手綱を一緒に引かないようにすることが重要です。頭を上げるとき、馬は背中から頸にかけての筋肉を緊張させるため、両方の手綱を一緒に引くと筋肉の緊張が増してしまうからです。対照的に、頭を一方に曲げるようライダーが求めれば、馬は緊張を解き、頭を低くします。

拳を少し前に譲ることで馬が解放され、頭を低くする場合もあります。

ライダーは脚で馬と軽いコンタクトを維持します。

直線ではなく曲線や輪乗りをすることで頸と背中の緊張が緩和され、やがて馬がリラックスして頭を下げることもあります。

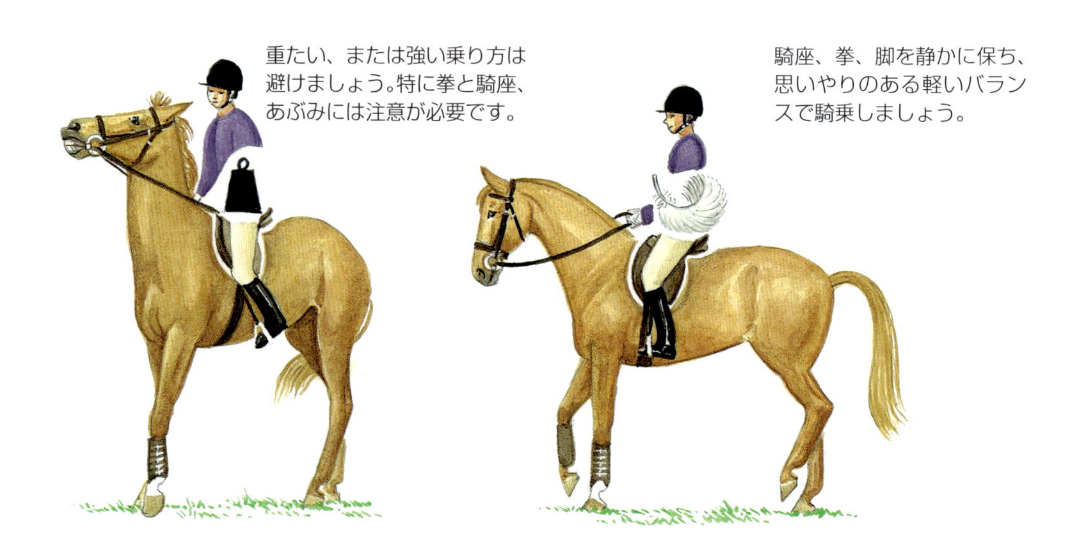

重たい、または強い乗り方は避けましょう。特に拳と騎座、あぶみには注意が必要です。

騎座、拳、脚を静かに保ち、思いやりのある軽いバランスで騎乗しましょう。

障害飛越を嫌がる

障害の飛越を嫌がる馬は、たいてい過去に飛越で不快な経験をしています。ライダーが拳で口を引っ張ったり、鞍にドスンと落ちたり、カッとなって飛越時に罰を与えたりすれば、馬はすぐに障害飛越が嫌いになり、怖がるようになるでしょう。

馬はライダーの感情にとても敏感です。ライダーが障害を飛ぶことに少しでも不安を感じていれば、馬も飛越を拒むでしょう。障害を飛ぶときにライダーが腹を立ててはいけません。馬のやる気をあっという間に削いでしまうからです。

また、飛越を嫌がる原因が身体的な痛みや不快でないことを確認しましょう。

騎乗のヒント

アプローチラインを障害に対して垂直にすると効果があります。障害の横に袖を置くか、あるいは小さな障害レーンをつくって飛んでみましょう。

馬場に小さな障害（高さ 30 cmほど）を設置してレッスンの終わりに1回だけ飛び、馬が障害を飛んだら降りてご褒美をあげ、レッスンを終えます。これを騎乗するたびに繰り返せば、ほどなく馬は飛越をしたがるようになるでしょう。飛ぶとご褒美をもらえることがわかっているからです。馬が飛越を待ち望むようになったら、少しずつ障害のレベルを上げていきます。

馬の歩幅に合わせて飛越のタイミングを計り、よい拳で優しく座り、正しいタイミングで馬が頭を使えるようにします。飛越地点ではなく、その先を見るようにしましょう。

横木

障害飛越の調教や再調教は、速歩横木やキャバレッティを使った小さな障害からはじめ、馬をゆっくりと飛越に慣らしていきましょう。

小さな障害の飛越をはじめるときは、障害の2.7 m 手前に地上横木を置き、踏切地点に向かって馬が歩幅を合わせやすいようにします。最初は小さなクロスバー障害にし、クロス部の高さを低くします。馬にとっては飛びやすい障害で、障害の中心を飛越するよう調教するのにも役立ちます。

馬が飛越しやすいように、できるだけ小さな障害を飛びましょう。

ジョギングする

ジョギングとは、馬が歩幅を伸ばした正しい常歩をせずに、せかせかと歩幅の狭い速歩をしてしまうことをいいます。通常は馬の精神的なストレスの現れです。厩舎に帰ることや、仲間についていくことばかり考えているのかもしれません。もともと歩幅を伸ばした常歩ができず、かわりに速歩をしようとしていることもあります。

ジョギングは癖になることがあり、矯正には時間と忍耐が必要になります。

騎乗のヒント

ジョギングをする馬の騎乗にはコツがいります。極端に収縮し、ライダーの脚と拳の扶助に過敏になっていることがあるため、脚を使いすぎればジョギングを悪化させ、走り出してしまうこともあるでしょう。拳が強すぎれば過剰に収縮し、立ち上がる可能性があります。そのため、ライダーはできる限りリラックスし、あらゆる扶助を軽くすることが重要です。ライダーが緊張し、絶えず脚を使い、手綱をきつくして馬を押さえれば、ますますジョギングさせてしまうでしょう。

ジョギングは癖になるため、常歩に戻すまであまり時間をかけないようにします。時間がかかると、ジョギングしてもよいと馬が思ってしまう可能性があります。馬にジョギングをさせないようにするのはライダーの役割であり、明確に、かつ一貫して、常歩か正しい速歩のどちらかをするよう馬に求める必要があります。

対処法

馬がジョギングをはじめたら、できるだけ内方の手綱を軽く開き、頭頸を少しだけ片側に譲るよう馬に求めます。こうすると馬のペースが落ちて頸が下がり、自然に常歩になるでしょう。1、2歩ですぐジョギングに戻ってしまうかもしれませんが、ライダーが落ち着いて根気よく対処し続けることで常歩を続ける時間が少しずつ長くなり、

手綱を伸ばして開くことで馬をリラックスさせ、輪乗り、8字乗り、曲線、そして最終的に直線で騎乗できるようにしましょう。

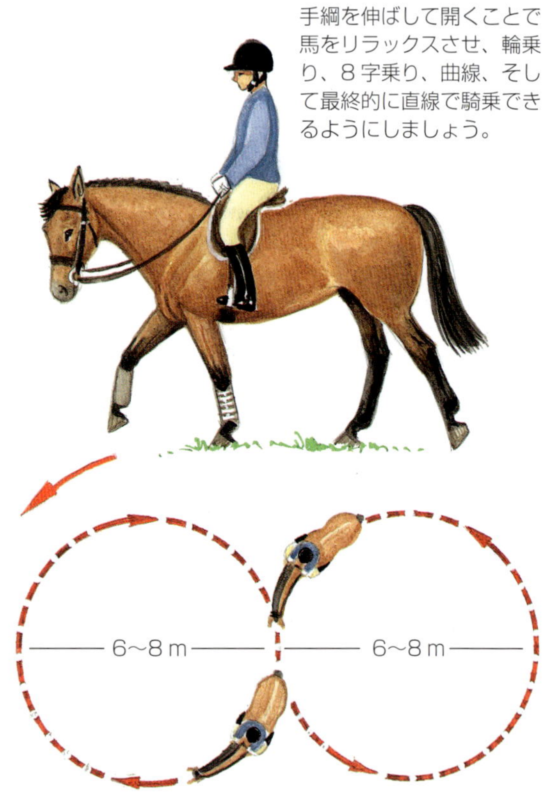

小さめの8字乗りをして馬のエネルギーが徐々に収まるのを待ちましょう。

やがて馬は軽快な常歩を続けたほうが楽であることに気づきます。

馬場に余裕がある場合は、手綱はできるだけ緩い状態のまま、巻乗りか8字乗り（直径6～8mの円を2つ組み合わせます）をするよう馬に求めましょう。これによって馬はどんなにエネルギーを費やしてもどこにも行けない場合があることを学びます。また、これらの運動は馬体をほぐし、より力強い常歩をするために必要な筋肉をリラックスさせ、柔軟にする効果があります。

興奮しやすい馬との外乗は避けましょう。
ジョギングを悪化させてしまいます。

ジョギングから常歩になったら、それがたとえ1、2歩であっても、無理やりペースを上げないようにします。ペースが速くなれば再びジョギングをはじめてしまうでしょう。

外乗は静かで落ち着いた、信頼できる馬と一緒に行くとよいでしょう。元気で活発な馬が一緒だと、お互いのエネルギーが悪い方向に働き、ますますジョギングするようになってしまいます。

曳き馬がきちんとできる馬なら、馬から降りてしばらく曳き馬をしてみましょう。馬の不安が和らぐ場合があります。

馬は目新しいものに興奮します。外乗の機会があまりない馬を外乗に連れ出せば、興奮してジョギングする可能性は高まります。

馬房で過ごす時間があまり長時間にならないようにしましょう。また、高エネルギーの餌を与えすぎることがないようにしましょう。

最終的には、ライダーの脚、拳、騎座、声の扶助に応じ、ライダーの求める速度で常歩、速歩、駈歩をするよう正しく調教をすることが、ジョギングの矯正につながります。

自分の馬がリラックスして常歩をできるよう、外乗は落ち着いた馬に同行してもらいましょう。

頭を上下に振る

　これは解決が難しい問題です。原因が多岐にわたり、その時々の原因の特定が必ずしも容易ではないからです。
　口に痛みがある、歯の治療が必要である、背中に苦痛を感じている、後躯が十分発達していない、鞍が合っていない、ハミがあたって痛い、ライダーの拳あるいは騎座が強すぎる、適切に調教されていない、花粉などの空気中に漂う物質にアレルギー反応を起こしているなどの場合に、馬は頭を振ることがあります。

強い乗り方や手綱で馬と争わないようにしましょう。

手綱を柔らかくし、円や曲線で騎乗しましょう。馬が頭の動きを落ち着かせるのに役立ちます。

対処法

　ライダーがどのように馬に騎乗しているのかをよく観察しましょう。ライダーの騎座は柔らかいですか？　よい拳で騎乗していますか？　頭を振る馬でも、扶助が静かなほかのライダーが騎乗すると問題行動が出ない場合があります。
　ハックモア（監注：ハミを使わない頭絡）などの、馬に優しい頭絡に変えてみてもよいかもしれません。ハックモアは「常にコンタクトがある」状態ではなく、手綱を緩めて使うように設計されています。
　扶助の静かな優れたライダーは、柔らかい拳とよい騎座で頭を振る馬にハミを受けさせることができます。ライダーがハミをいじったり拳や脚を使いすぎないことがとても重要なのです。
　直線ではなく輪乗りや８字乗りでトレーニングをしましょう。これらの運動は頭を前下方に伸ばすよう馬に促し、背中の筋肉を鍛えたり、緩めたりするのに役立ちます。

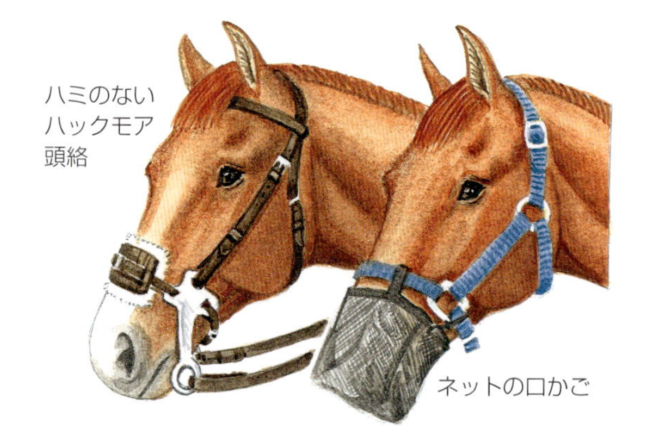

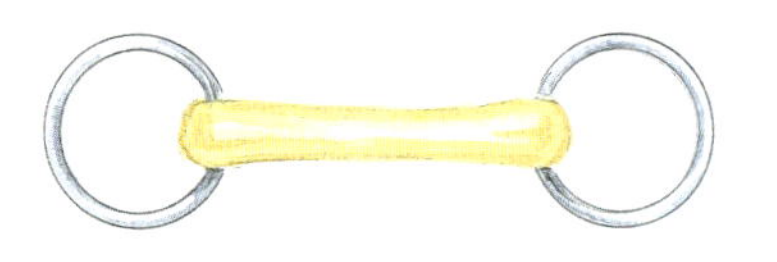

プラスチック製の水勒ハミ

ゴム製またはプラスチック製の柔らかいハミ（左図）や、ハミのないハックモア（上図）が、効果を発揮する馬もいます。季節的なアレルギーや蚊が原因の場合など、特定の時期のみ頭を振る場合は、ネットの口かごをつけてみましょう。これらは馬具・乗馬用品店で購入できます。

過剰に興奮しやすい

過剰に興奮している馬を見て「馬が楽しんでいる」と考える人がいますが、このような興奮は往々にして緊張や不安、恐れによって起きています。

過剰に興奮する馬はたいてい不安や恐怖を感じています。

対処法

厩舎で過ごす馬の場合はエネルギーの高い穀物を与えすぎないようにし、定期的に馬房から出して騎乗するようにしましょう。

調教を通して馬がライダーを信頼し、人を乗せてリラックスし、扶助に反応するようになるまでは、興奮しそうな状況に置かないようにします。常歩主体で、時折ゆっくりした速歩を入れるなど、より緩やかなペースで静かに運動する時間をたくさん取りましょう。馬が疲れて興奮が収まることを期待し、力強い速歩や駈歩で運動させることは、必ずしもよい考えではありません。馬は豊富なスタミナを持っており、過剰に興奮していると疲れ果てても走り続ける場合があります。

興奮を引き起こしているものが何であろうと、はじめは限定的にその対象を馬に見聞きさせ、ゆっくりと慣らすようにします。たとえば、ほかの馬がいるときに興奮する場合には、落ち着いた静かな馬と一緒に、少しだけ外乗に連れ出しましょう（最初はほんの2～3 m でもよいかもしれません）。競技会で興奮する場合は、地元のごく小さな競技会に何度か連れていき、しばらくただ乗るだけ、あるいは曳き馬をするだけにして、競技には参加せずに帰りましょう。

騎乗のヒント

自分が騎乗する馬が興奮してしまったら、拳や脚を強く使わないようにします。強い拳や脚を使うと馬はさらに緊張し、ますます興奮してしまうことがあります。脚は馬体から離さず、軽いコンタクトを維持しましょう。

スペースがある場合は小さめの輪乗りか 8 字乗りをします。馬は余分なエネルギーを発散しながら動き続けることができますし、一方ライダーは馬をコントロールしやすくなります。時間はかかるかもしれませんが、これを馬が落ち着くまで続けましょう。

手綱のコンタクトは優しく保ち、馬を引っ張り回してイライラさせることなく効果的に誘導できるようにします。馬がペースを落としたり、リラックスしたり、あるいは頭を低くしたら、あなたも必ず体を柔らかくし、声をかけて馬をほめましょう。

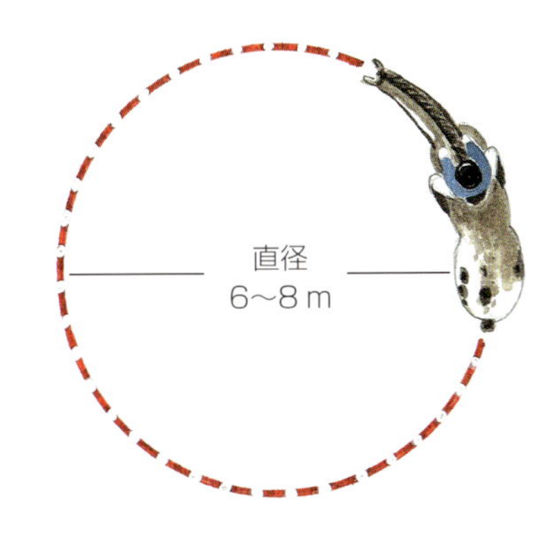

馬が落ち着くまで小さな輪乗りをさせ、エネルギーの発散方向を変えてあげましょう。

口が硬い

口の硬い馬は乗ると疲れますし、コントロールしにくいものです。馬の口が硬くなる原因は数多くありますが、熟練した調教または再調教で、ある程度までは柔らかくできます。

強い拳で騎乗されたことのある馬や、拳で特定の「形」を強制されてきた馬は、ほぼ確実に口が硬くなります。馬の口は繊細ですが、荒い乗り方や不慣れな乗り方によって感覚が麻痺する場合があります。

調教は自分に口があるということを馬に忘れさせないように行います。また、ハミが何を意味するかなど、教えなければ馬にはわかりません。

対処法

たいていの馬は興奮しているときや緊張しているときなど、特定の状況でのみ口が硬くなります。思いやりのあるライダーは、いつどこで馬の口が硬くなるかを理解し、そのような状況を避け、再調教で少しずつ問題となる状況に慣らしていきます。たとえば、複数頭で外乗するとより口が硬くなる馬の場合、落ち着いた馬１頭と外乗に出かけ、常歩で歩かせます。厩舎と逆方向に向かうときは少しだけ速歩を入れてもいいかもしれません。徐々に外乗に行く馬の数を増やし、ペースを上げていきましょう。**問題の解決には何週間も何ヶ月もかかるかもしれませんが、**馬が軽さを保ち、拳に反応し続けることが肝心です。

高齢やトレーニング不足、働きすぎによる疲労困憊、体型などが原因で馬体のどこかに硬さがある場合、特に後躯に張りがある場合も、口が硬くなることがあります。**馬体に硬さがあれば、ほぼ確実に口に現れます。**

両手綱を引っ張ることは口の硬い馬に対処するのによい方法ではありません。

口の硬い馬を再調教する場合は、馬が引っ張りたくなるような状況を避けるようにしましょう。

調教／再調教

口の硬い馬の多くは、実際に口が硬いわけではありません。口ではなくて頸が強すぎる、硬いまたは固まっているために、拳の強さを感じやすいのです。つまり、習慣的に頭頸を優しく曲げ、頸を柔らかくすることで矯正できます。最初はグラウンドワークで、次に騎乗して停止の状態で、それから常歩で行います。優しくゆっくりと馬の頭を一方に向け、続けてもう一方も同じようにしましょう。

手綱の合図に軽く反応するよう馬に求めるときは、左右の手綱の力加減を変えます。すると両手綱を同時に使う場合に比べ馬の力は半減します（もちろん常に同じ方の手綱を引っ張っていてはいけません）。

曳き馬が完璧にできるようトレーニングし、ホルターを使ったグラウンドワークで容易に前進と後退させられるようにしましょう。それができたらハミを使って後退を教えましょう。**後退を難なく行える馬は口も柔らかくなります**。

口の硬い馬をより口の柔らかい馬にするには、ライダーがよりうまく乗れるようになることが大切です。ライダーの脚、体あるいは拳に硬さや強さ、きつさがあれば、馬は強く手綱を引っ張るようになるでしょう。

そっと後方に下がるということをグラウンドワークで教えましょう。

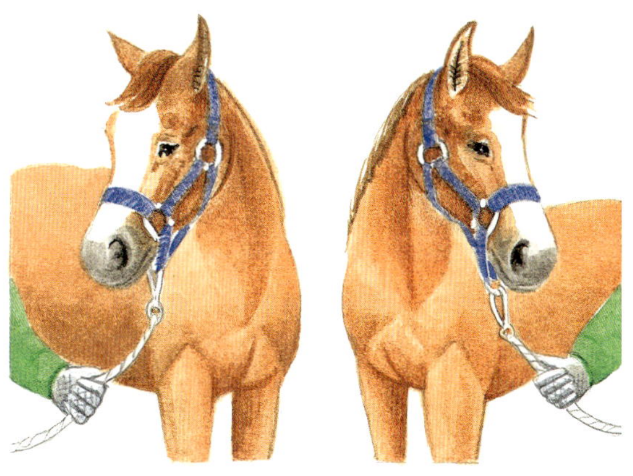

同じくグラウンドワークで頭を左右に譲るよう求め、頸が柔らかくしなやかになるように調教しましょう。

騎乗して頭をそっと左右に譲ることを教えましょう。

ライダーに無関心／集中しない

ライダーに無関心な馬はより逃避本能に左右されやすく、驚く、膠着（反抗）する、走って逃げ出すといった行動を起こしやすいものです。優れたライダーは馬が自分に集中し、注意を払うよう、常に求めています。

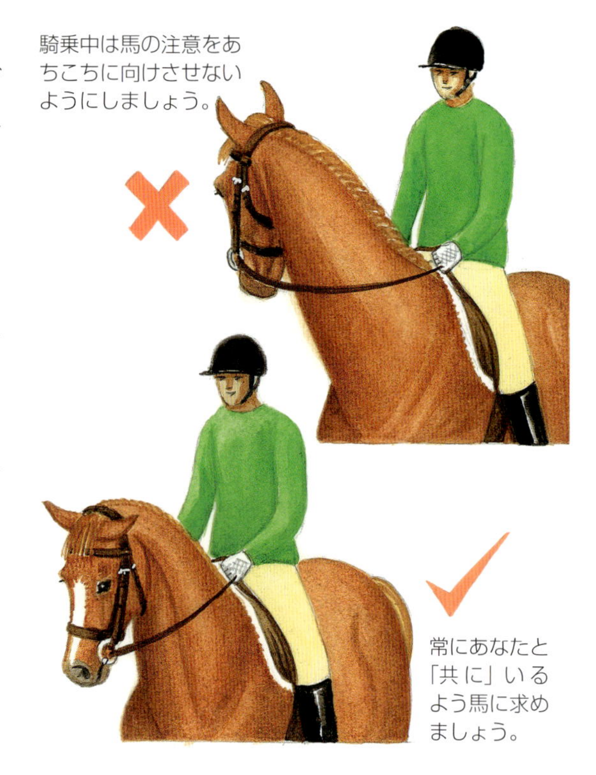

騎乗中は馬の注意をあちこちに向けさせないようにしましょう。

常にあなたと「共に」いるよう馬に求めましょう。

馬が集中していないときの見分け方

馬がライダーに集中していないときの最初のサインは、馬の頭と耳の位置に現れます。馬の頭と耳は馬が注意を向けている方向を向きます。たとえば、馬が頭や耳を左に向けているとしたら、馬の意識は恐らく左側にある何かに集中しており、ライダーのことは考えていません。

騎乗のヒント

馬がライダーに集中するようまずは曳き馬で、それから騎乗して教えるとよいでしょう。

曳き馬の最中、あるいは騎乗中に馬があらぬ方向を見たら、ロープまたは手綱で静かに馬の頭を真ん中に戻すか、あるいはほんの少しあなたの方に向けます。馬があなたに注意すれば、「はい、あなたと一緒ですよ」とでも言うように、馬の頸、手綱の緊張が緩むのが感じられるでしょう。馬がまたよそ見をしたら、落ち着いて同じことを繰り返します。やがて馬はよりあなたに注意を向け、あなたの要求に対する反応もよくなるでしょう。目標は、あなたに促されなくとも馬が自らあなたに注意を向けるようにすることです。

馬場で騎乗中に馬の注意が馬場の外で起こっていることに向いてしまったら、馬の頭を少し馬場の内側に向けましょう。常にほんの少し馬場の内側を見ているようにするのです。

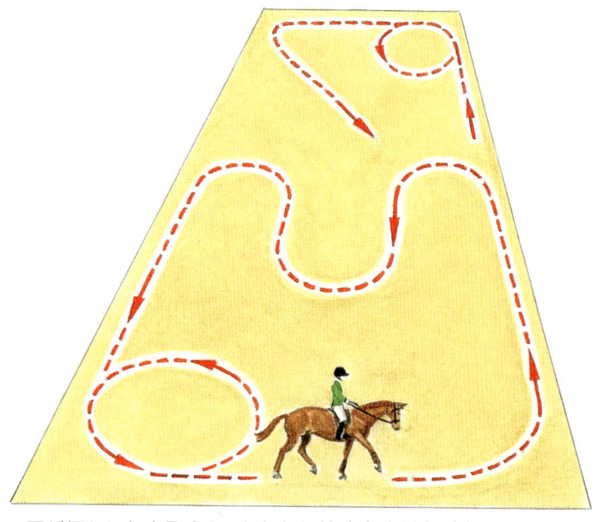

馬が何かに気を取られ、あなたに注意を向けなくなってしまったら、手前を変えたり、絶え間なく回転や移行を繰り返し、馬を忙しく運動させましょう。馬は興味のある対象について考える時間がなくなり、あなたが求めていることに意識を集中せざるをえなくなるでしょう。

寝転ぶ

疲れているときや、背中が痛いとき、あるいはかゆいとき、馬は人を乗せていても寝転ぶことがあります。過去に能力以上のことを強いられたり、人を乗せすぎたり、たたかれたことがある馬が「寝転ぶ」という手段に訴えることもあります。それが馬の「あきらめ」の表現なのです。この段階まで来てしまった馬は本当に悲しいものです。もう一度ライダーを信頼できるようになるには、たくさんの思いやりと理解が必要でしょう。

あるライダーが騎乗すると寝てしまうけれど、別のライダーが騎乗しているときは問題ないという馬もいます。馬が元気に前進し、常にライダーに注意を向けるよう、馬を「起こして」おくことで、この問題行動を防ぐことができます。馬を寝かせてしまうライダーは、馬の集中力低下を許してしまい、結果、馬は人を乗せているのを忘れてしまうのです。

馬にうたた寝させず、人を乗せていることを忘れさせないようにしましょう。

馬が肢を折りたたんで寝ようとしたときに下を見たり、バランスを失ってはいけません。

対処法

寝ようとして馬が体を低くしはじめたら、ライダーは脚と、必要なら鞭を使い、元気よく前進するよう馬に要求する必要があります。同時に手綱で馬の頭を持ち上げなければなりません。声をかけるのも、起きて前進することを促すのに役立つ場合があります。

手荒な扱いを受けてきた結果、「あきらめ」の境地で寝る馬の場合は、ライダーが落ち着いて穏やかな状態を保ち、馬がゆっくりと人に対する信頼を取り戻せるよう努めることが大切です。

手綱で馬を起こし、脚や鞭を使って前に進ませましょう。立ち上がるよう声をかけるのもよいでしょう。

まとめ

馬に乗っているとさまざまな場面で馬の問題行動に遭遇します。この章では数多くある問題行動のうち、いくつかに焦点をあてました。すでに述べてきたとおり、たいていの問題は私たちが馬の本能や恐怖を認識していれば、何故起こるのかきちんと説明できるものなのです。馬の視点で世界を見ることは、常に有益です。なぜ馬が私たちが問題だと捉える行動を通して意思を伝えなければならないと感じているのか、まず自分に問いかけ、馬と一緒に問題を解決するのに役立てましょう。

もちろん、騎乗中は予期せぬことが起こります。そんなときのために、馬の問題行動に安全に対処するためのヒントやテクニックを知っていれば役立ちます。とはいえ馬は大きく、力が強く、足の速い動物ですから、解決策を考えたうえで必要ならいつでも専門家に相談することが重要です。安全第一に、また、馬と闘ったり、何かを強制したりして、馬を動揺させてもいけません。

問題行動のある馬に接するには十分な時間と忍耐、技術、そして私たちが馬の性質を理解していくことが必要です。このことを忘れなければ、騎乗中に起こる問題の多くは克服でき、私たちと馬の両方にとって騎乗することがより安全で楽しいものになるのです。